读故事
学数理化系列

趣说化学
——探索未知的奠基者

刘行光　高会　编著

化学工业出版社
·北京·

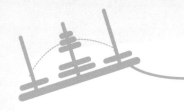

你知道数字是怎样产生的吗？你知道大名鼎鼎的 π 是如何诞生的吗？你知道擅长几何的皇帝是谁吗？……你知道貌似枯燥的数学背后藏着许许多多有趣的故事吗？

《趣说数学——探索未知的奠基者》从孩子们的理解能力出发，介绍了一些数学概念的起源与发展，中外数学家的轶事、趣闻，流传久远的数学民间传说，还有风靡世界的数学难题等。

本书适合小学高年级学生及初中学生阅读学习，也可供教师及培训机构参考阅读。

图书在版编目（CIP）数据

趣说数学：探索未知的奠基者／刘行光，高会编著．
—北京：化学工业出版社，2019.9（2024.8 重印）
（读故事学数理化系列）
ISBN 978-7-122-35092-3

Ⅰ.①趣… Ⅱ.①刘… ②高… Ⅲ.①数学－青少年
读物 Ⅳ.① O1-49

中国版本图书馆 CIP 数据核字（2019）第 183248 号

责任编辑：王清颢 赵媛媛　　文字编辑：昝景岩　　　装帧设计：芊晨文化
责任校对：王素芹　　　　　　美术编辑：尹琳琳

出版发行：化学工业出版社（北京市东城区青年湖南街 13 号 邮政编码 100011）
印　　装：涿州市般润文化传播有限公司
710mm×1000 mm　1/16　印张 9¾　字数 141 千字　2024 年 8 月北京第 1 版第 4 次印刷

购书咨询：010-64518888　　　　　　　　　　售后服务：010-64518899
网　　址：http://www.cip.com.cn
凡购买本书，如有缺损质量问题，本社销售中心负责调换。

定　　价：49.80 元

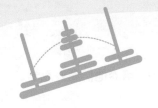
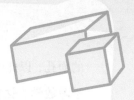

前　言

　　青少年朋友，你知道数学吗？我想很多朋友会说："从小妈妈就教我数数，从进入学校大门那天起，数学就如影随形，数学我可太知道了！"对！数学是我们攀登科学高峰的阶梯、探索未知世界的基础，也是我们生活密不可分的一部分，那你对数学了解得怎么样呢？你想要和数学成为好朋友吗？让我们一起来了解数学，和数学做朋友吧！

　　数学是研究现实世界空间形式和数量关系的科学，它刻画了事物的客观规律，是在生产实践和科学研究中诞生、发展和逐步完善起来的。由于人们在生产实践中，要和各式各样的"数"和"形"打交道。如，5个人、5棵树、5只羊……抛开它们的具体内容，就抽象出一个数——"5"；太阳和月亮的轮廓、树木的断面、车轮的形状……抛开它们的具体内容，就抽象出一个形——"圆"。这样就产生了最基本的数学概念。随着生产的发展，数学也有了相应的发展。从古代埃及的测量术到微分方程、概率论、线性代数、数论、群论、泛函分析、组合论、复变函数论、拓扑学等现代数学的各个分支。数学也几乎渗透在每一个科学技术领域、应用于每一个生产领域，甚至也活跃在人文和社会科学领域。正如，我国著名的数学家华罗庚教授所说："宇宙之大，粒子之微，火箭之速，化工之巧，地球之变，生物之谜，日用之繁，无处不用数学。"

　　数学如此重要，从小培养对数学的学习兴趣和钻研精神，训练敏捷的思维和严密的逻辑推理能力，就显得尤为重要。但遗憾的是，由于篇幅的限制，教科书中只能简略或淡化知识的发生、发展过程，并不得不割舍一些趣味性材料。正如数学家弗赖登塔尔所说："没有一种数学思想是以它被发现时的那个样子发表出来的。一个问题被解决后，相应地会发展为一种形式化的技巧，结果人们往往把求解过程丢在一边，使得火热的发现变成冰冷的美丽。"这样的结果使有些同学总觉得数学枯燥乏味，认为和数字符号及公式、概念打交道不那么有意思。

　　有鉴于此，我们编辑出版了《趣说数学——探索未知的奠基者》，目的在于揭开蒙在数学严密逻辑性及高度抽象性上的这层面纱，让大家看到数学趣味无穷

的面孔，以此引起青少年读者对数学的兴趣，增长数学知识，培养他们爱好数学、学习数学、钻研数学的情趣。

本书的内容包括一些数学概念的起源与发展，中外数学家的轶事、趣闻，流传久远的民间传说，还有风靡世界的数学难题等。内容虽然形式多样，它们却有共同的一点，那就是每个故事都介绍了数学知识。本书既考虑了初中数学知识的相关性和层次性，又兼顾了趣味性。本书适合小学高年级及初中学生阅读，也可以作为教师和家长辅导孩子学习数学的参考书籍。

希望您读完本书之后，能感受到数学之美，体会到数学发展的艰难，激发出对数学的热爱和兴趣，能和数学成为好朋友。

刘行光

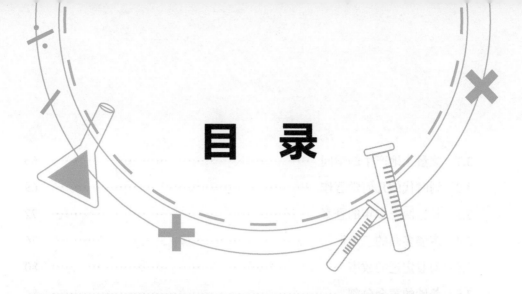

目　录

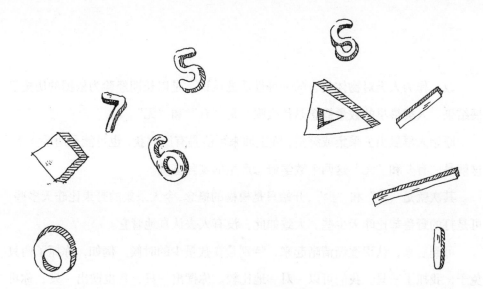

第1章

身世奇妙的数字

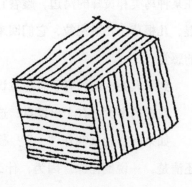

1.1 数字产生的来龙去脉

数，作为人类对物体集合的一种性质的认识，是以长期经验为依据的历史发展结果。人类最早的数量概念是什么呢？是"有"和"无"。

原始人早晨出去采集或狩猎，晚上回来可能是有所收获，也可能是两手空空。这就是"有"和"无"这两个数学概念产生的实际基础。

其次就是"多"和"少"，开始只是模糊的概念，今天采集的野果比昨天多些，可是打的野兽却比昨天少些。大致如此，没有人去认真地管它。

可到后来，认识逐渐清晰起来，特别是在数量少的时候。例如，你抓了两只兔子，我抓了三只。我们可以一对一地比较。你摆出一只，我也摆出一只；你再摆出一只，我又摆出一只；你没的摆了，我还有的摆，明显我比你多，你比我少。这里就是兔子的"集合"与"集合"之间的对应关系。

原始社会是集体劳动，共同分配的。今天打了多少野兽，分成多少份肉，一人一份——这也是对应的关系。

有和无、多和少的数量感觉，其实动物界就有了萌芽。生物学家做过实验：在某种鸟类和黄蜂的窝边，趁着它们不在，偷偷地增加或减少点什么——一根树棍、几根草、几颗泥粒，它们回来以后，会觉察这些变化。这种能力，就是数量的感觉。

到了人类，因为有了思想意识，所以，他们能意识到有和无、多和少。

数量的多少，有个出发点，这个出发点就是一。

如果问：什么叫作"一"？翻开《辞海》可以看到："数之始。"这又是不说还清楚，一说倒糊涂。因为，什么叫作"数"？什么叫作"始"？一个问题变成了两个问题，而且还不止两个问题。比如说：什么时候我们知道有"数"呢？那就是在我们数东西的时候，才知道有"数"。可是，如果只有一个东西，还用得着数吗？

所以说"一"是一个数，这是我们现在的想法，古代人却不一定这样想，甚至到了18世纪还有人说"一不是数"。

你也许会说："一是一个单位。"北京猿人采集朴树籽作为食物，一粒朴树籽是"一"，一堆朴树籽也是"一"。而且一堆朴树籽和另一堆朴树籽堆在一起，还是一堆朴树籽。北京猿人当然不会这样想，他们只是一把一把地吃着，一堆朴树籽越吃越少。

一粒朴树籽是"一"，一小堆朴树籽是"一"，一大堆朴树籽也是"一"。可见"一"中包含着"多"，许多"一"加起来就是"多"，"多"中也包含着"一"。

原始人有了"一"这个概念，大概很快就有了"二、三、四、五、六……"这些数的概念了吧。就像一架梯子似的，爬上了第一级，这是"一"；继续爬，爬到第二级，不就是"二"了吗？

如果说认识数字像爬梯子，那原始人真比蜗牛还慢得多呢！

在很长的时期里，人们只知其一，不知其二。知道二了，也不叫"二"。例如近代许多原始部落，他们要说"二"的时候就说"眼睛"。汉语的"二"和"耳"同音。原来"二"的音是从"耳朵"的"耳"的音借用来的。

我国西藏地区的人怎样说"二"呢？他们说"鸟的翅膀"。眼睛、耳朵、鸟的翅膀都是两个，这些帮助原始人得到"二"的概念。

在以后很长很长的时期里，人们只知道"一"和"二"，因为他们不需要很多的数目，甚至在近代一些原始民族中还是这样。

那么"二"以上呢？"二"以上，我们说是"三"，但是原始人就以为是"多"了。在古代汉语中就是这样。现在我们还可以看到这种概念留下的痕迹，例如"三人为众"，三个"木"就是"森"。我们说"再三""三思而行""一日不见，如隔三秋"……"三"都是多的意思。

中非的原始部落只有三个数：一、二和多。三五头牛固然叫作多，几十万头牛他们也只是说"多"。

南美巴拉圭的印第安人，他们的"四"字是"鸵鸟足趾"的意思，因为那里的鸵鸟每只脚两个脚趾，两只脚一共是四个脚趾。他们还用"五色的斑皮"来代替"五"字。但是更多的地方，如印度、伊朗、非洲和南美洲的一些原始民族，他们把"五"叫作"手"，佛教语的"五"和波斯语的"手"就很接近。这是大家都很容易理解的，因为一只手有五个指头。

南美洲有的地方，把"六"叫作"手一"，"七"叫作"手二"，"十"就叫"双手"。达曼人把"二十一"叫作"两个人零一个手指"。

热带一些地方，人们永远赤脚，扪了手指再扪脚趾，于是"二十"就叫"手脚全指"，例如墨西哥古代的玛雅人就是这样。在格陵兰的某些地方干脆把"二十"叫作"一个人"，于是四十就叫作"两个人"了。

我们今天的日历上还用"廿"这个数目。英语中有时也说"两个廿""三个廿"等，而在法语中的"八十"是"四个廿"，"九十"是"四个廿加十"。

随着人们生产斗争的需要和交往的增多，数目也一个一个地、慢慢地而又越来越快地加多了。

到了3600多年前，我国商代的人把文字刻在龟甲或兽骨上，这就是我们现在所说的甲骨文。甲骨文记载了战争中杀死或俘获的人数、狩猎时所获得鸟兽的头数，以及祭祀时所用牲口的数目。例如，有片甲骨上刻着："八日辛亥允戈伐二千六百五十六人。"意思是说：在八日辛亥那一天，在一次战争中消灭了2656个人。另外，从甲骨文的数字中，我们知道那时候已经有了"三万"这么大的数目了。

人们为了把比较所得的结果告诉别人，就要记数。"记数"就是把数记下来的意思。在使用文字以前，许多民族是用一条绳子打成各式各样的结扣来记数的：事情大就打一个大结扣，事情小就打一个小结扣，结扣的多少就表示数量的多少。后来逐渐有了代替实物的符号，如用刀在实物上刻道道来代替实物打结。比如说，三头牛，三根木棒，三把石斧……是不同性质的事物，但它们却有一个共同的特点，就是都能和三个手指头"一对一"地搭配起来。如果把牛、木棒、石斧等事物的具体属性暂时撇开，就可以用符号"≡"来表示它们的共同特性。像河南省安阳小屯村发现的甲骨文，就是用刀刻在甲骨上的符号。而记数符号 – ═ ≡……，叫作象形记数法。

其实，几乎每一个民族都有过自己的记数符号。早在四五千年前的巴比伦人，曾用有棱角的木片在泥板上压出各种有棱角的符号记数。古埃及人象形数字雕刻在石器或木器上，比如说，"一"的记号像一根木棒；一百万的记号是一个人高高地举起双臂，好像是说这个数真大啊！

巴比伦数字

随着语言、文字的日渐进化，数字也在不断地发展变化着，经过了漫长的岁月后，才出现了今天所使用的数字符号，像1、2、3、4、5…，这样的数叫作自然数。自然数的问世，是从现实世界中得出的第一个"数的系统"。

知识加油站

实数的大小比较

数形结合法：在数轴上表示的两个数右边的数总比左边的数大。

正数都大于0，负数都小于0，正数大于负数。

绝对值法：该方法常用于两负数间的大小比较，即两负实数，绝对值大的反而小。

平方法：当被比较的两数中含有无理数时，可先分别将这两数平方，再比较大小。

作差法：
$$a-b \geq 0 \longrightarrow a \geq b$$
$$a-b < 0 \longleftarrow a < b$$

1.2 阿拉伯数字闹出的误会

世界上的语言有成千上万种，汉语、英语、法语、德语……几乎每一个民族都有自己的语言。然而，不管你走到哪个国家，即使是随手翻开一本数学书籍，也会从陌生的文字中看到你熟悉的数学符号：0，1，2，3，4，5，6，7，8，9…这就是人们常说的阿拉伯数字。阿拉伯数字？你也许会想，这当然是阿拉伯人的创造发明喽。其实，"阿拉伯数字"这个名字完全是一个历史的误会。

那么，这个误会又是怎样产生的呢？

这，得从阿拉伯人的历史谈起。

在7世纪以前，阿拉伯人还是些比较原始的游牧部落，他们没有繁华的都市，甚至还很少有定居的村落，终年厮守着牧群，在阿拉伯半岛上漂泊。公元6世纪，在现在沙特阿拉伯王国境内的麦加城，诞生了阿拉伯历史上最著名的人物穆罕默德。由于他生活清苦，作战勇敢，同情穷人，反对豪富，很多人都拥戴他为自己的领袖，后来他建立了第一个统一的阿拉伯国家。

随着国家的发展和稳定，阿拉伯人对知识的渴求日渐迫切，他们便聘请希腊、印度的学者来讲学，并用重金去收集残存的希腊科学文献，欧几里得、阿基米德、托勒密等人的著作，也被翻译成了阿拉伯文。

8世纪，印度一位叫堪克的数学家，携带数学书籍和天文图表随着商人的驼群，来到阿拉伯首都巴格达。

我们知道，印度是一个历史悠久的文明古国，5000年前，印度人民就发明了一种有趣的象形文字，后来又创造了梵文。最初，印度人用梵文的字头表示数字，2世纪时数字被写成了下面的形状：

其中没有"1"的写法。经过几百年的演变，8 世纪后它们的写法变为下面的形状：

当时，堪克拜访了阿拔斯王朝，哈里发（对阿拉伯国家的最高统治者的称呼）对他带来的书和图表很感兴趣，下令把它们全部翻译成阿拉伯文。阿拉伯人本来只有数的名称而没有记数的方法，用起来很不方便，因此印度数字很快在阿拉伯半岛上流行开来。这时候，中国的造纸术正好传入阿拉伯，对学术的传播起到了重要的推动作用。

阿拉伯半岛紧临红海湾，是东西方的通商要道。在 7 世纪，阿拉伯帝国已经迅速昌盛起来。首都巴格达兴办了一些学院图书馆和天文台，各国学者、商人纷纷而至，科学文化得到了蓬勃发展。

阿拉伯数学家花拉子密

阿拉伯一位学者花拉子密，在惊叹印度数字无可比拟的巧妙之余，写了一本算术书进一步介绍这种数字的使用方法。这本书和其他书籍一起，随着东西方商业往来，传入欧洲。欧洲人民也很喜爱这套方便实用的记数符号，以为它是阿拉伯人的发明创造，于是就叫它阿拉伯数字，造成了这场历史的误会。后来，人们知道了事情的真相，但都已经习惯了，改不过来，于是就这么将错就错地一直叫了下来。

阿拉伯数字传入欧洲各国后，由于辗转传抄，模样也逐渐发生了变化。13 世纪，在君士坦丁堡（现在的伊斯坦布尔）的一个名叫普兰尼达的和尚的书中又写成了下面的形式：

14 世纪，中国的印刷技术传到了欧洲，在英国的卡克斯敦出版的印刷本中的数码，就已相当接近现代的写法了。

到了 1522 年，阿拉伯数字在英国人同斯托的书中才和现在的写法基本一致，以后这些形式就渐渐地固定下来了。

阿拉伯数字在 13~14 世纪时传入我国，但它迟迟未能被人们采纳和应用。因为我们自古以来是用筹算式数字记数法计算的，它和阿拉伯数字一样，都是十进位制，而且汉字"一、二、三、四……"笔画简单，也易写，一时还看不出阿拉伯数字的优点。直到 20 世纪以后，我国才采用了国际通用的阿拉伯数字。

知识加油站

实数的分类

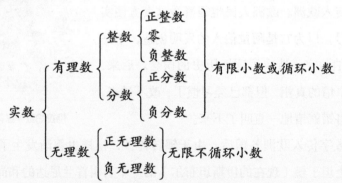

注意：（1）实数还可按正数、零、负数分类。

（2）整数还可分为奇数、偶数，零是偶数。偶数一般用 $2n$（n 为整数）表示；奇数一般用 $2n-1$ 或 $2n+1$（n 为整数）表示。

（3）正数和零统称为非负数。

1.3 身世坎坷曲折的 "0"

"0" 是个很简单的数，小朋友也都明白它的含义，然而，人们认识 "0" 却是一段复杂的历史。

数 0 的最初含义就是 "没有"。古人认为，既然什么也没有，就不必要为它确定专门的符号。因此，在不少民族的文化史上，不同形式的数字出现了很久，但 0 却一直没有出现。

后来，采用位值制的民族经常碰到有缺位的数，比如 109，怎样表示中间的那个缺位呢？古巴比伦人用符号 "ϟ"，印度人用 "·"。我国开始就用空位，之后用 "□"，后来用 "○"，后来演变为扁圆的 "0"。大概因为后者写起来更顺手吧。目前通用的 "0"，由于时代过于遥远，已经很难确认是哪个民族发明的。据英国科学史家李约瑟博士考证，它最先出现于中印边界处，很可能是两国人民共同所创。从人类认识 "1" 到认识 "0"，竟用了 5000 年的时间，可见 0 的发现很不 "自然"。

我国很早就开始使用算筹表示数字，有据可查，算筹的出现不会晚于公元前 3 世纪，大概可以推到战国初期。据司马迁《史记·高祖本纪》中记载："夫运筹帷幄之中，决胜于千里之外，吾不如子房。"这段话的意思是："在营帐内决定作战的策略，指挥千里之外打胜仗，我的才能比不上子房。"这是汉高祖刘邦在一次宴会上对他的文武大臣所讲的话。就运筹二字而言是指筹划、指挥。在当时，就是用算筹进行兵力的部署、粮草的供给等。由此可见，那时算筹的运用已达到相当熟练的程度。

用算筹表示数目，有纵横两种方式：

	1	2	3	4	5	6	7	8	9
横式	一	二	三	亖	亖	⊥	⊥	⊥	⊥
纵式	丨	丨丨	丨丨丨	丨丨丨丨	丨丨丨丨丨	丅	丅	丅	丅

在记数时，个位数常用纵式，其余纵横相间。

例如：6728 表示为 $|\;\pi\;=\;\pi$ ，6720 表示为 $|\;\pi\;=\;$ ，其中空格的地方表示零。

后来，缺字的地方开始用"□"来表示，当然，数字间的空位也可以用"□"来表示。慢慢地，在书写时，方块也就容易画成圆圈了。由此可见，我国的零号是经过了漫长的历史演变过程的，这是我们祖先对人类做出的伟大贡献。

进一步研究可知，105 读作"一百零五"，原来是指一百之外还有零头五，后来〇也就读作"零"了。这样，零不仅表示空一格，而且又有新的含义，即零头之意了。

由此可知，零号的发明，确有我们中华民族的一份功劳。

"0"诞生后，印度数学家首先把它作为一个数进行了研究。这些研究对算术的发展，起到了重要的推动作用。但令人奇怪的是，在罗马数字里，至今仍没有相应的表示"零"的符号，这是为什么呢？

原来在 6 世纪的时候，"0"已经来到罗马帝国了。可是，当时保守的统治者在法典里规定："至于应当批判的数学，应当彻底禁止其传播。""0"是被统治者禁止使用的数字。他们宣称：罗马数字是上帝创造的，它是可以表示任何数的"和谐系统"，任何人不得随意添加或更改。一位罗马学者从一本天文书中知道了阿拉伯数字，并对"0"特别感兴趣。这位学者不顾统治者的法令，在一本精致的小册子上抄下了关于"0"的介绍，并指出了它在记数、运算方面的优越性。不幸的是，这件事被人告了密，其结果可想而知，学者被送进了监狱，施行了残酷的拶刑❶，他永远失去了握笔写字的能力。然而，正确的东西是不可战胜的，封建镇压并不能阻止"0"的传播。由于罗马数字使用起来极不方便，"上帝所创造"的拙笨的罗马数字最终不得不让位给人类创造的灵巧的阿拉伯数字。

在很多人眼中，0 表示什么也没有，其实在现实生活中 0 表示的意义非常丰富广泛。

0 不只是表示没有，同样也表示有。比如电台、电视里天气预报所报告的气

---

❶ 拶（zǎn）刑：用拶子夹手指的一种酷刑。

温是 0℃，并不是指没有温度，而是相当于 32 华氏度，这也是冰点的温度。0 还可以表示起点，如发射导弹时的口令是："9，8，7，6，5，4，3，2，1，0——发射"。0 在数轴上作为原点，也是起点的意思。0 还可以表示精确度，如在近似计算中，7.5 与 7.50 表示精确程度不同。由此可见，0 所表示的数量和意义是非常广泛的。

知识加油站

0 在数学中的作用

0 不仅在记数中表示空位，在算术里表示"什么也没有"，实际上，0 还扮演着许多重要的角色。比如说 0.95 里如果没有 0，就显示不出整数和小数的界限；当 5 后面添上一个 0 成为 50，恰为原数的 10 倍；由汽车号码为 00028，马上可以知道，某市汽车的最高号码是五位数。可以这样说，整个数学体系里如果没有"0"将不堪想象。

在近似计算中，0 有着不可忽视的作用。如果用 0 来表示精确度的话，小数末尾的 0 不能够随便去掉。例如，工人师傅加工两个零件，要求一个长为 16 毫米，另一个长为 16.0 毫米。前者表示精确到 1 毫米，即加工的实际长度在 15.5 毫米与 16.5 毫米之间，都可以认为是合格的。后者表示精确到 0.1 毫米，即加工后的实际长度在 15.95 毫米与 16.05 毫米之间才能被认为是合格的。显然后者的加工精度比前者要求高。

1.4　小心会捣乱的分数

把一个单位平均分成 n 份，每一份就是 $\frac{1}{n}$。相信这是大家从教材上接触的最早的分数，也可称为单分数。然后我们逐渐知道分子不一定总是 1，分数之间的加、减、乘、除运算以及分数本身能构成许多令人深思的例子。

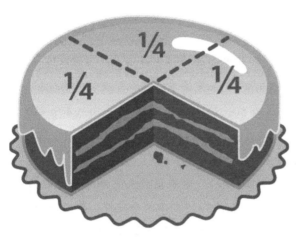

蛋糕取走 $\frac{1}{4}$，还剩 $\frac{3}{4}$

其实，分数概念起源于连续量的分割。在中世纪的俄国和英国，分数被称为"破碎数"，而中文中的分数，是"分开的数"的意思。人们最初认识分数，并不像现在一样连续，而仅仅是几个孤立的数，例如 $\frac{1}{2}$、$\frac{1}{3}$、$\frac{1}{4}$ 等。在古代，人们又把 $\frac{1}{2}$ 称为"半"，$\frac{1}{3}$、$\frac{1}{4}$ 分别被称为"少半"和"大半"等。

在世界数学史上，古埃及人给出了最古老而又较完整的分数的表示方法。单分数在整数 n 的上面画一个"〇"，以表示 $\frac{1}{n}$，其他分数用单分数的和来表示。这比起仅认识孤立的分数来说已经进步了很多。但是这种表示方法太复杂也不便于运算。

大约在战国末期，中国的数学家开始将分数的概念建立在两数之比的基础上。这是分数发展史上的一个重要发现。由于把分数看成两数之比，那么一个比式，也就是一个除式便可以看成一个分数表示式。按照古代筹算表示法，将被除数置于除数上面，它与现在分数表示法不同的是少一条分数线。带分数与现在分数表示法的区别是整数部分在分数部分的上面，而不是在左面。在约定俗成的情况下，这些都只是表示法的问题，对于运算的准确性和简捷性没有任何阻碍。由于分数的概念建立在两数之比的基础上，那么分数的一切运算都可以从这个运算出发而得到合理的解决，这也就得到了现代分数计算法则的一套具有中国特色的分数理论，这些都已经被《九章算术》叙述在内。而国外直到 1202 年，才由意大利科学家斐波那契在《算盘书》一书中对分数进行了较系统的介绍。这也是欧洲最早的一部关于分数理论的书，它比《九章算术》要迟 1000 多年。

后来，中国古代的分数理论开始在印度流传。印度人除了将筹算法则改成笔算法则外，其余都和中国的分数理论一模一样。分数线是 12 世纪后期，在阿尔·哈萨的著作中首次出现的。以后随着各国科学的发展，终于形成了现在所使用的分数理论。

分数的产生和发展大致就是这样的。由于分数的概念是建立在两数相除的基础上，所以人们引生出了很多趣味分数问题，不信看看下面这个故事。

有一个老人，养了 17 只羊。他有 3 个儿子，在临终时，他嘱咐 3 个儿子说："我死后，17 只羊，分给老大 $\frac{1}{2}$，老二 $\frac{1}{3}$，老三 $\frac{1}{9}$。"然后他就咽气了。三个儿子安葬完老人后，便开始分羊了。可是分羊时却遇到了困难，因为 17 这个数，无论以 2、3 或 9 去除都不能除尽，怎么办呢？正在大家冥思苦想的时候，老人生前的一个朋友牵着一只羊过来了。他看到老人的三个儿子愁眉不展，便问他们缘由。了解了情况后这个人想了一想，哈哈大笑，他胸有成竹地说："把我的羊借给你们，连它一起分吧。"三个儿子觉得白拿别人的东西不好，可是在没办法的情况下，只好恭敬不如从命了。于是，老大牵走 9 只羊，老二牵走 6 只羊，老三牵走 2 只羊，还剩下一只羊。老人的好友牵着自己的羊哼着小曲儿又去做自己的事情了。三个儿子一想，似乎不用那只羊也能分，可是为什么自己事先不知道该怎么分呢？

其实，这中间就是分数捣了一点鬼。大家看下面的计算：

$$\frac{1}{2} + \frac{1}{3} + \frac{1}{9} = \frac{9}{18} + \frac{6}{18} + \frac{2}{18} = \frac{17}{18}$$

也就是说，三个儿子分的羊达不到被分羊的总数，而事实上他们应该将 17

只羊全部分了，所以不应该按照 $17 \times \frac{1}{2}$、$17 \times \frac{1}{3}$、$17 \times \frac{1}{9}$ 的方法去计算，而应该按照 $\frac{1}{2} : \frac{1}{3} : \frac{1}{9}$ 先求出这三个人分配的比例，即 $9 : 6 : 2$，然后按老大 $\frac{9}{17}$、老二 $\frac{6}{17}$、老三 $\frac{2}{17}$ 的比例分，这样问题就圆满解决了。

同学们都明白其中的道理了吗？以后如果再碰到类似的问题，可不要和老人的三个儿子一样，大眼瞪小眼也得不到结果。要好好了解分数的含义，再去解决问题。

与分数有关的趣味问题还有很多，感兴趣的同学可以找一些同类题目来锻炼自己。

知识加油站

科学记数法

把一个大于 10 的数记成 $a \times 10^{n}$ 的形式，其中 a 是整数数位只有一位的数，这种记数法叫科学记数法。

1.5 小数诞生的历史

数学中有关计算技术的重大发展，是以十进制记数法、十进制小数以及对数这三大发明为基础的。其中的十进小数也就是现代意义上的小数的完整称呼，而且正是由于小数的出现，才使得分数与整数在形式上获得了统一。

同学们都知道，分数和小数是可以互相转化的，而且从属性来说，小数属于分数的范围。由于中国是分数理论发展最早的国家，所以十进小数首先在中国出现。那么，小数是怎样产生的呢？刚开始产生的小数和现在的小数的表示方法有什么不一样呢？

其实，小数主要是由于开平方运算的需要而产生的。在著名的《九章算术》中，我国数学家刘徽在注释如何处理平方根问题时就提出了小数："凡开积为方……求其微数，微数无名者，以为分子，其一退十为母，其再退以百为母，退之弥下，其分弥细……"这段话的意思是说，在求出平方根的个位数后，继续开方，平方根个位以下部分的表示法为将逐次开方所得数为分子，分母分别是十、百、千、万……从这段话可以看出，刘徽虽然将小数称为"微数"，而且也没有正式提出小数的概念，却揭示了小数的本质。与现代意义上的小数概念比较，他的表述也只差在小数的符号与形式上。这就是最初的小数。

数学家刘徽

可惜在刘徽以后的1000年里，没有更多的数学家去完善小数的概念。是什么原因阻碍了小数的发展呢？英国皇家学会会员、著名科学史学家李约瑟认为："《九章算术》对中国数学的影响之一，是完备的分数体系阻碍了小数的普及。"

在我国第一部数学专著《九章算术》中，使用了完整的分数体系解算数学问题，使人们感到似乎有了分数就行，没必要再引入小数了。

直到元代，刘瑾才把小数的研究向前推进了一步。他在《律吕成书》中提出了世界上最早的小数表示法：把小数部分降低一格来写。

15 世纪上半叶，政治家和学者兀鲁伯在撒马尔汗建立了天文台。大约在 1420 年，兀鲁伯聘请伊朗数学家阿尔·卡西到天文台工作。阿尔·卡西在天文台工作期间，写下了大量数学和天文学著作。在阿尔·卡西著的《圆周的论文》里，他第一次发现了小数，并且给出了小数乘、除法的运算法则。他使用垂直线把小数中的整数部分和小数部分分开，在整数部分上面写上"整的"。有时他把整数部分用黑墨水写，而小数部分则写成红色的。这个半边黑半边红的数就是小数。

16 世纪初，在荷兰工作的工程师西蒙·斯提文深入研究了十进制小数的理论，并创立了小数的写法。斯提文用没有数字的圆圈把整数部分与小数部分隔开。小数部分每个数后面画上一个圆圈，记上表明小数位数的数字。比如把 3.287 写成 3 ○ 2 ① 8 ② 7 ③。这种表示方法使小数的形式复杂化，而且给小数的运算带来了很大的麻烦。

1592 年，瑞士数学家布尔基对此做了较大的改进。他用一个空心小圆圈把整数部分和小数部分隔开，比如把 36.548 表示为 36。548，这与现代的表示法已极为接近。大约过了一年，德国的克拉维斯首先用黑点代替了小圆圈。他在 1608 年发表的《代数学》中，将他的这一做法公之于世。从此，小数的现代记法被确立下来。

1617 年，耐普尔提出用逗号"，"作分界记号。这种做法后来在德、法、俄等国广泛流传。至今小数点的使用仍分为两派，以德国、法国、俄罗斯为代表的大陆派用逗号，以英国为代表的岛国派以及美国用小黑点，而将逗号用作分节号。例如 π 的数值，大陆派的写法是 3,141592653…岛国派的写法则是 3.141,592,653…

18 世纪，我国逐渐用笔算代替了筹算，这时西方的小数记法也传了进来。1723 年，由康熙皇帝主持下编纂的《数理精蕴》中就出现了小数点记号，编者

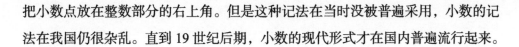

把小数点放在整数部分的右上角。但是这种记法在当时没被普遍采用，小数的记法在我国仍很杂乱。直到 19 世纪后期，小数的现代形式才在国内普遍流行起来。

知识加油站

有理数乘方的法则

（1）正数的任何次幂都是正数。

（2）负数的奇次幂是负数；负数的偶次幂是正数。注意：当 n 为正奇数时，$(-a)^n=-a^n$ 或 $(a-b)^n=-(b-a)^n$；当 n 为正偶数时，$(-a)^n=a^n$ 或 $(a-b)^n=(b-a)^n$。

1.6 揭开负数的秘密

如果你问一个小朋友，比 0 小的数是什么？他可能会说：没有比 0 小的数，所有的数都比 0 大。如果你让他做一个减法题"1-2=？"，他可能就完全不知所措了。事实上，直到 16 世纪，许多欧洲数学家与这位天真的小朋友观点一致，他们的理由更加振振有词。有的数学家说："0 已经是什么都没有，有什么东西比什么都没有还少呢？""明明只有一个苹果，你怎么能吃掉两个苹果呢？"法国的数学家帕斯卡就曾经说："从 0 减去 4 完全是胡说八道。"

然而今天的人们大多知道了，比 0 小的数是存在的，它就是负数。比 0 小 1 的数是 -1（读负一），比 0 小 2 的数是 -2，比 0 小 10 的数是 -10，等等，而过去小学算术中不是 0 的数的前面也可以加一个 "+"（读正）号，叫正数。

在我们的实际生活中，负数都有确定的意义，并为我们带来许多方便。

在平常状况下，水结成冰的温度是 0 摄氏度，如果气温继续下降，就是零下多少摄氏度了，如零下 10 摄氏度就表示成 -10℃，人们一看就知道是比水结冰的温度还低 10 摄氏度。

一个人如果一分钱都没有，即他的钱数为 0，你可以说他一贫如洗，然而他不能算最穷的人，因为还有人负债累累！要表示一个人欠别人多少钱，不得不用负数。如一个人欠债 1000 元，用负数可以方便地说，他有 -1000 元。

在地图上，有名的山峰和低地都有海拔标高，它们是以海平面作为标准的。如地球上的最高点珠穆朗玛峰旁边标的是 8844.43，即它的高约为海平面以上 8844.43 米；我国的吐鲁番盆地最低处标的是 -154.31，即它位于海平面以下 154.31 米；地球陆地的最低处是死海，标的是 -430.5，即它的湖面在海平面以下 430.5 米。用正负数来标海拔高度让人一目了然。

在物理学中，有了负数，公式更加简捷，计算更加方便，结果的含义也一清二楚。

像位移、速度和加速度等都是有方向的量，规定了一个为正的方向，则相反方向的位移、速度和加速度就都是负的。例如一辆车在东西向的直线道路上运动，规定向东的方向为正，从一个位置出发，向东走了 10 米是 +10 米，向西走了 10 米就是 –10 米；向东每秒走 5 米，则速度是 5 米 / 秒，向西每秒走 5 米，则速度就是 –5 米 / 秒。

像这样的情况有好多，可以说，负数使数学本身也变得更加完善和谐，任意两个数的减法可以通行无阻，列方程可以更加灵活，简易方程 $x+a=b$ 一定有解，解为 $x=b–a$。

不过也有些地方需要引起我们的注意，不要认为，加上一个数后，原数一定增加，因为如果加的是负数，原数会变小；同样不要以为减去一个数后原数一定会变小，如果减去的是负数，原数会变大。

世界上最早发现负数并提出正负数运算法则的历史功绩是属于我们中国的。

2000 年前就写成的我国古代数学名著《九章算术》中已明确解释了正负数的概念："卖多少是正数，买多少就是负数；有剩余钱是正数，钱不足要欠账就是负数。"书中还提出"正负术"，实际上就是正负数加减法的法则，共罗列了八条，比如，加一个负数等于减去一个正数，减去一个负数等于加上一个正数，用今天的式子表示出来就是 $a+（–b）=a–b, a–（–b）=a+b$。书中还用"方程术"来解一次方程组，其中系数的运算完全用正负数来处理，欧洲直到 18 世纪才由著名的数学家高斯提出类似的方法。

可能是受到中国的影响，公元 625 年，印度数学家婆罗摩笈多也提出了负数的概念，他用"财产"和"欠债"分别表示正数和负数，还对正负数加减法做了如下的解释："两种财产相加还是财产，两种欠债相加还是欠债，零减去财产是欠债，零减去欠债就是财产。"

负数开始传入欧洲时，那里的数学家们迟迟不能理解。德国数学家施蒂费尔说："负数是虚伪的零下。"英国数学家瓦里斯说："负数并不比零小，而是比无穷大还要大。"甚至到了 18 世纪，著名的瑞士大数学家欧拉虽然在数学的许多领域都做出了出色贡献，却相信瓦里斯所做的错误论断。

欧洲的数学家还编出一道他们自认为很得意的比例式来反对负数，这个式子是：（-1）：1=1：（-1）。他们说，按照正负数的运算法则，这个式子是成立的，但这个式子的左边是小数比大数，而右边是大数比小数，小数比大数怎么能与大数比小数相等呢？这个式子当时也迷惑了不少人，其实，它只是用人们在正数领域中所习惯的一些规律来反对这种新引进的数。

历史就是这样，习惯势力往往十分顽固，新生事物一时难以被人们接受，但一切正确合理的新生事物最终总会站稳脚跟。今天负数已经成为稍有知识的人的常识，没有任何人会对负数产生怀疑了。

知识加油站

有理数的四则运算

（1）有理数的加法法则：同号两数相加，取相同的符号，并把绝对值相加；绝对值不相等的异号两数相加，取绝对值较大的加数的符号，并用较大的绝对值减去较小的绝对值；互为相反数的两个数相加为0；0与任何数相加都等于任何数。

（2）有理数减法法则：减去一个数等于加上这个数的相反数。

（3）有理数的乘法法则：

①两个数相乘，同号得正，异号得负，并把绝对值相乘；0乘以任何一个数都等于0。

②多个不为0的数相乘，积的符号由负因数的个数决定：负因数有偶数个时，积为正数；负因数有奇数个时，积为负数，再把各个因数的绝对值相乘。

（4）有理数的除法法则：

①两数相除，同号得正，异号得负，再把绝对值相除；0除以任何一个不为0的数都得0。

②除以一个不为0的数，等于乘以这个数的倒数。

1.7 神出鬼没的质数

一个大于 1 的整数，如果除了它本身和 1 以外，不能被其他正整数所整除，这个整数就叫作质数。质数也叫素数，如 2、3、5、7、11 等都是质数。

1	2	3	4	5	6	7	8	9	10
11	12	13	14	15	16	17	18	19	20
21	22	23	24	25	26	27	28	29	30
31	32	33	34	35	36	37	38	39	40
41	42	43	44	45	46	47	48	49	50
51	52	53	54	55	56	57	58	59	60
61	62	63	64	65	66	67	68	69	70
71	72	73	74	75	76	77	78	79	80
81	82	83	84	85	86	87	88	89	90
91	92	93	94	95	96	97	98	99	100

100 以内的质数

如何从正整数中把质数挑出来呢？自然数中有多少质数？对于这些问题人们还不清楚，因为它的规律很难寻找。它像一个顽皮的孩子一样东躲西藏，和数学家捉迷藏。

古希腊数学家、亚历山大图书馆馆长埃拉托塞尼提出了一种寻找质数的方法：先写出从 1 到任意一个你所希望达到的数为止的全部自然数，然后把从 4 开始的所有偶数画掉，再把能被 3 整除的数（3 除外）画掉，接着把能被 5 整除的数（5 除外）画掉……这样一直画下去，最后剩下的数，除 1 以外全部都是质数。例如找 1～30 之间的质数时可以这样做。

1、2、3、4、5、6、7、8、9、10、11、12、13、14、15、16、17、18、19、20、21、22、23、24、25、26、27、28、29、30

后人把这种寻找质数的方法叫埃拉托塞尼筛法。它可以像从沙子里筛石头那样，把质数筛选出来。质数表就是根据这个筛选原则编制出来的。

数学家并不满足用筛法去寻找质数，因为用筛法求质数带有一定的盲目性，你不能预先知道要"筛"出什么质数来。数学家渴望找到的是质数的规律，以便更好地掌握质数。

从质数表中我们可以看到质数分布的大致情况：

1 到 1000 之间有 168 个质数；

1000 到 2000 之间有 135 个质数；

2000 到 3000 之间有 127 个质数;

3000 到 4000 之间有 120 个质数;

4000 到 5000 之间有 119 个质数。

随着自然数变大,质数的分布越来越稀疏。

质数把自己打扮一番,混在自然数里,使人很难从外表看出它有什么特征。比如 101、401、601、701 都是质数,但是 301 和 901 却不是质数。又比如,11 是质数,但 111、11111 以及由 11 个 1、13 个 1、17 个 1 排列成的数都不是质数,而由 19 个 1、23 个 1、317 个 1 排列成的数却都是质数。

法国数学家梅森

有人做过这样的验算:

$$1^2+1+41=43$$

$$2^2+2+41=47$$

$$3^2+3+41=53$$

······

$$39^2+39+41=1601$$

43 ~ 1601 连续 39 个这样得到的数都是质数,但是再往下算就不再是质数了。

$40^2+40+41=1681=41 \times 41$,1681 是一个合数。

在寻找质数方面做出重大贡献的还有 17 世纪的法国数学家梅森。梅森于 1644 年发表了《物理数学随感》,其中提出了著名的"梅森数"。梅森数的形式为 2^p-1,梅森整理出 11 个 p 值,使得 2^p-1 成为质数。这 11 个 p 值是 2、3、5、7、13、17、19、31、67、127 和 257。仔细观察这 11 个数,人们不难发现,它们都是质数。不久,人们证明了如果梅森数是质数,那么 p 一定是质数。但是要注意,这个结论的逆命题并不正确,即 p 是质数,2^p-1 不一定是质数。

梅森虽然提出了 11 个 p 值可以使梅森数成为质数,但是,他对 11 个 p 值并没有全部进行验算,其中的一个主要原因是数字太大,难以分解。当 p=2、3、5、7、13、17、19 时,相应的梅森数为 3、7、31、127、8191、131071、524287。由于这些数比较小，人们已经验算出它们都是质数。

1772 年，已经 65 岁的双目失明的数学家欧拉，用高超的心算本领证明了 $p=31$ 的梅森数是质数。

还剩下 $p=67$、127、257 三个相应的梅森数，它们究竟是不是质数，长时期无人去论证。梅森去世 250 年后，1903 年在纽约举行的数学学术会议上，数学家科勒教授做了一次十分精彩的学术报告。他登上讲台却一言不发，拿起粉笔在黑板上迅速写出：

$$2^{67}-1=147\ 573\ 952\ 589\ 676\ 412\ 927=193\ 707\ 721 \times 761\ 838\ 257\ 287$$

然后他就走回自己的座位。开始时会场里鸦雀无声，没过多久全场响起了经久不息的掌声。参加会议的人们纷纷向科勒教授祝贺，祝贺他证明了第九个梅森数不是质数，而是合数！

1914 年，第十个梅森数被证明是质数。

1952 年，借助电子计算机，人们证明了第十一个梅森数不是质数。

以后，数学家利用运算速度不断提高的电子计算机来寻找更大的梅森质数。1996 年 9 月 4 日，美国威斯康星州克雷研究所的科学家，利用大型电子计算机找到了第三十三个梅森质数，这也是人类迄今为止所认识的最大的质数，它有 378 632 位。

数学家尽管可以找到很大的质数，但是质数分布的确切规律仍然是一个谜。古老的质数，它还在和数学家捉迷藏呢！

知识加油站

互为倒数

乘积为 1 的两个数互为倒数。

注意：0 没有倒数；若 $a \neq 0$，那么 a 的倒数是 $\dfrac{1}{a}$；若 $ab=1 \Leftrightarrow a$、b 互为倒数。

1.8　兔宝宝与斐波那契数

意大利有一座文化古城——比萨城，闻名世界的比萨斜塔就坐落在这里。这个城市出过不少有名的科学家，700多年以前，著名的数学家斐波那契就生活在这里。这一带气候温和，阳光明媚，地中海上不时吹来潮湿的海风。这里雨水也很充足，附近的农业、畜牧业都很发达。

著名的数学家斐波那契

有一天，斐波那契到外面散步，看到有个男孩子在院子旁边筑起了一个篱笆。斐波那契往里一瞧，嗬，里面有一对红眼睛、大耳朵的白兔。那一对可爱的小东西正在急急忙忙地吃萝卜叶呢。斐波那契很喜爱小白兔，因此，他出神地站在那里看了好大一会儿，才转身回家。

几个月后，斐波那契又散步到那里。他往篱笆里一看，咦？里面不再是一对兔子，而是大大小小好多兔子。有的在挖土，有的在吃草，有的在蹦跳……那养兔子的小朋友正在忙着往里送草呢。

斐波那契问那小男孩："你又买了一些兔子吗？"

"没有，这些都是原来那对兔子生的小兔子。"男孩子回答。

"一对兔子能繁殖这么多？"斐波那契感到惊奇。

那男孩子说："兔子繁殖得可快了，每个月都要生一次小宝宝。并且，小兔子出生两个月以后就能够当爸爸妈妈，再生小兔子了。"

"噢，原来是这样的。"斐波那契明白一些了。

回家以后，那些可爱的小白兔又出现在斐波那契的脑海里了。

"兔子的繁殖能力真惊人啊，一年之内到底能生多少呢？"他给自己出了这样一个题目：

假若一对兔子每个月可以生出一对小兔子，并且兔子在出生两个月以后就能再繁殖后代，那么，这对兔子和它们的子子孙孙，一年之内可以繁殖多少对兔子呢？

接着，他考虑这个问题的答案了：

第一个月，这对兔子做了爸爸妈妈，它们生了一对可爱的小宝宝。这样，它们家里就有 2 对兔子了。

到第二个月，兔妈妈又生下一对小宝宝，这时候，它们家里就是 3 对兔子。

第三个月，当兔妈妈又生下一对小宝宝的同时，兔妈妈第一个月生的那对小兔子已经长大，也能生儿育女了，所以，它们也生了一对美丽的小兔子。于是，3 月份它们家里的成员就是 5 对了。

斐波那契将兔子每个月繁殖的情况列在一个表格里。

兔子繁殖情况

月份	1月	2月	3月	4月	5月	6月	7月	8月	9月	10月	11月	12月
兔爸爸兔妈妈和它们自己生的兔子对数	2	3	4	5	6	7	8	9	10	11	12	13
1月份出生的兔子所繁殖的后代对数			1	2	3	4	5	6	7	8	9	10
2月份出生的兔子所繁殖的后代对数				1	2	3	4	5	6	7	8	9
3月份出生的兔子所繁殖的后代对数					2	4	6	8	10	12	14	16
4月份出生的兔子所繁殖的后代对数						3	6	9	12	15	18	21
5月份出生的兔子所繁殖的后代对数							5	10	15	20	25	30

月份	1月	2月	3月	4月	5月	6月	7月	8月	9月	10月	11月	12月
6月份出生的兔子所繁殖的后代对数								8	16	24	32	40
7月份出生的兔子所繁殖的后代对数									13	26	39	52
8月份出生的兔子所繁殖的后代对数										21	42	63
9月份出生的兔子所繁殖的后代对数											34	68
10月份出生的兔子所繁殖的后代对数												55
总计	2	3	5	8	13	21	34	55	89	144	233	377

从表格的最后一行可以看到，1月份共有2对兔子，2月份是3对，3月份是5对，4月份是8对……到12月份猛增到377对，也就是754只兔子。"由一对白兔开始，一年之内，兔子、兔孙就将近1000只，真是一个惊人的速度！"斐波那契感到非常惊讶。

从1月份到12月份，每个月兔子的对数是

2,3,5,8,13,21,34,55,89,144,233,377

这一行数字乍看起来没有什么特殊的地方，但是斐波那契仔细一琢磨，发现它们是很有规律的。什么规律呢？从第三个数字开始，每个数字都是它前面两个数的和。

5=3+2

8=5+3

13=8+5

21=13+8

34=21+13

……

$$377=233+144$$

这真是个有趣的发现，斐波那契高兴极了。这个发现不但有趣，还非常有用。它可以证明，以后各月兔子的总数也是这样增加的。按照这个规律，第二年1月份兔子的总数马上就可以算出来，它是：

$$233+377=610（对）$$

第二年2月份兔子的总数是

$$377+610=987（对）$$

……

以后每个月共有多少对兔子，都可以轻而易举地算出来，就不用再去列上面那个麻烦的表格了。

在上面写出的那一行有趣的数字前面，添上两个1，得出1，1，2，3，5，8，13，21，34，55，89，144，233，377。这一行数字也是从第三个开始，每个数字都是前面两个数字之和，它只是比原来的那一行更完全了。

斐波那契把这个有趣的发现写进了他的著作《算盘书》中。

为了纪念这个有趣问题的提出者，人们把这个问题叫作"斐波那契问题"，并把上面的数字1，1，2，3，5，8，13，21，34，55，89，144，233，377…叫作"斐波那契数"。

绝对值：

（1）正数的绝对值是其本身，0的绝对值是0，负数的绝对值是它的相反数。注意：绝对值的几何意义是数轴上表示某数的点离开原点的距离。

（2）绝对值可表示为：$|a|=\begin{cases} a & (a>0) \\ 0 & (a=0) \\ -a & (a<0) \end{cases}$ 或 $|a|=\begin{cases} a & (a\geqslant 0) \\ -a & (a<0) \end{cases}$。

（3）绝对值的问题经常分类讨论。

1.9　引来杀身之祸的无理数

公元前 585 年到公元前 400 年，是古希腊毕达哥拉斯学派的鼎盛时期。在数学发展史上，毕达哥拉斯学派功不可没，是他们在欧洲最先发现了勾股定理，是他们最早接触了黄金分割点……

无理数的发现者希帕索斯是一个深受毕达哥拉斯器重的学派成员。由于勾股定理的发现使毕达哥拉斯学派声名远扬，毕达哥拉斯决定弄清楚勾、股、弦数到底是什么样的。于是他交给希帕索斯一个筛选满足条件的勾、股、弦数三元数组的任务。就是这个任务，使希帕索斯在数学史上名垂千古，同时也使他惹上杀身之祸……

毕达哥拉斯学派一向主张"万物皆数"，意思就是说"宇宙中的一切都可以表示成整数与整数之比，除此之外，没有别的东西"。这种认识在现在看来近乎荒诞，可是在各方面知识都不发达的当时，科学界都认同这个观点。希帕索斯开始也并不怀疑这一点。

可是，随着确定三元数组工作的深入，希帕索斯碰到了求正方形对角线的问题：假设一个正方形边长为 1，那么它的对角线长为多少？根据毕达哥拉斯学派

"万物皆数"的主张，这条对角线也一定可以用整数与整数之比来表示。如果设这个数为 d，根据勾股定理有 $d^2=1^2+1^2=2$，那么 $d=\sqrt{2}$，$\sqrt{2}$ 又能表示成哪两个整数之比呢？

　　爱寻根究底的希帕索斯花了很多时间来寻找这两个整数。结果，整数没有找着，反而让希帕索斯利用毕达哥拉斯学派常用的一种方法——归谬法，证明了 $\sqrt{2}$ 无法表示成两个整数之比。那么 $\sqrt{2}$ 到底是什么东西呢？难道除了整数与整数之外还会有别的数吗？希帕索斯丝毫没有意识到自己的发现在数学史上的伟大，他带着自己的证明过程登门向毕达哥拉斯请教。他将自己在求对角线时碰到的这件怪事原原本本地告诉了毕达哥拉斯，并询问该如何解决。

毕达哥拉斯

　　毕达哥拉斯听了这事也很吃惊。于是希帕索斯将自己的证明恭敬地递了上去：设一个正方形边长为1，对角线长为 $\sqrt{2}$。如果 $\sqrt{2}$ 是两个整数之比，则不妨设 $\sqrt{2}=\alpha:\beta=\alpha/\beta$，其中 α、β 是两个互素的整数。根据直角三角形勾股定理得 $\sqrt{2}=1^2+1^2$，即 $(\alpha/\beta)^2=2$，化简得 $\alpha^2=2\beta^2$；可见 α^2 是偶数，因此 α 一定是偶数；从假设知 α、β 互素，所以 β 一定是奇数；又因为 α 是偶数，故可设 $\alpha=2\gamma$，则 $\alpha^2=4\gamma^2$；由于 $\alpha^2=2\beta^2$，则 $2\beta^2=4\gamma^2$，$\beta^2=2\gamma^2$，所以 β 也是偶数，这与 "β 是奇数" 矛盾，故 $\sqrt{2}$ 不能表示成两个整数之比。

　　看完证明过程，毕达哥拉斯恐慌了。如果不承认这个证明正确，他看不出证明中有什么不正确的地方；可是如果承认这个证明正确，那就等于承认了毕达哥拉斯以前宣称的 "万物皆数" 观点的错误，这不是自己拆自己的台吗？况且如果事情传开，也会动摇毕达哥拉斯学派的根基，自己多少年的心血就白费了。思忙了半天，毕达哥拉斯决定维护毕达哥拉斯学派的信条，他采取了不承认的态度，并命令希帕索斯保密，不要把事情说出去，他还在学派内部宣布，谁泄密就活埋谁！

希帕索斯是一个很有思想、敢于坚持真理的人，他并没有放弃对 $\sqrt{2}$ 的探求，而且一有机会他就宣传 $\sqrt{2}$ 的客观存在性。这种违背命令的做法，使得毕达哥拉斯学派欲杀之而后快。希帕索斯知道自己要被处死的消息后，连忙跳上一艘刚起航的海船准备逃走。不过在毕达哥拉斯学派的忠诚护卫者的严密追捕下，他被扔进了大海，最终没有逃脱死亡的命运。

这就是无理数充满着血与泪的发现过程。但是无理数毕竟是存在的，为此人们采取了两种方法来确认它的存在：一种是不认为 $\sqrt{2}$ 是数，仅仅能用一条线段来表示它，这可以说是一种几何的观点；另一种是把它当作通常的数来处理，也就是承认它与整数和整数之比有着相同的地位，这也可以说是一种代数的观点。

古希腊人选择了第一种方法，中国人和印度人则采取了后一种方法。中国人和印度人在对待无理数时，没有希腊人那样拘谨，他们把主要兴趣放在了计算上，从而忽视了各个概念之间的本质区别。实际上，在古巴比伦泥板关于 $\sqrt{2}$ 的记载上，无理数不仅是不尽根，而且揭示无理数的本质对建立实数理论有着重要的意义。

西方数学史上最早接受无理数的代数学者是英国的哈里奥特，他认为只要能参与计算的就是数，而不必管它到底该怎样表示。19 世纪人们才真正解决了无理数的逻辑结构。1886 年，施图尔茨认为，每一个无理数都可以表示成无限不循环小数，这也就是我们现在通用的无理数的定义。后来又经过了 19 世纪的许多数学家的努力，人们终于为无理数打下了坚实的逻辑基础，使无理数在数学上得到了应有的地位。

"人固有一死，或重于泰山，或轻于鸿毛。"希帕索斯的死就重于泰山。他为 $\sqrt{2}$ 献出了年轻的生命，数学因此又前进了一大步。人们将永远怀念这位无理数的发现者。

知识加油站

平方根、算术平方根

如果 $x^2=a$（$a \geqslant 0$），那么 x 就叫作 a 的平方根（也称二次方根）。一个正数有两个平方根，它们互为相反数；零的平方根是零；负数没有平方根。正数 a 的平方根，记作：$\pm\sqrt{a}$。

正数 a 的平方根 $\sqrt{a}$ 叫作 a 的算术平方根。正数和零的算术平方根都只有一个。零的算术平方根是零。$\sqrt{a^2}=|a|=\begin{cases} a\,(a \geqslant 0) \\ -a\,(a < 0) \end{cases}$。

注意：$\sqrt{a}$ 的"双重非负性"，$\begin{cases} \sqrt{a} \geqslant 0 \\ a \geqslant 0 \end{cases}$。

求一个数的平方根的运算叫作开平方。

第 2 章

神秘莫测的数学

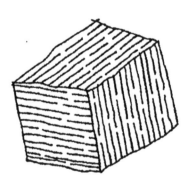

2.1　形形色色的进位制

20 世纪 50 年代初，一位苏联飞行员应邀出席少先队联欢会。会上，他出了这么一道题目：一架飞机整整用了 1 小时又 20 分钟才从甲地飞到乙地，可是返航时只用了 80 分钟就到了，请解释其中的原因。

少先队员们七嘴八舌地议论开了。有的说来回航线不详，有的说去时逆风回来时顺风……众说纷纭。然而，飞行员叔叔却哈哈大笑，把大家的回答全部否定了。他说："你们都没有想到，1 小时 20 分就是 80 分钟，时间是六十进位的！"

前苏联数学家别莱利曼认为这是一个提醒人们注意进位制的生动例子，把它收录在自己的著作《活的数学》之中。他认为，考察一种记数方法得看三个方面：第一，采用什么符号。第二，是不是用位值制，也就是一个符号表示多少，是仅仅取决于符号的本身，还是同时取决于它在记数符号中的位置。比如在阿拉伯数字中，符号 1 写在个位上表示 1，写在百位上却表示 100。采用位值制能用很少的几个符号表示任何一个数，是数学史上的一项重大成就。第三，用什么数作为基数，也就是"逢几进一"。

最常用的基数是 10。据美国数学家易勒斯调查，在 807 种原始民族记数方法中，有 140 种是十进制的。古时候的人数东西时，总是一边用嘴念着一、二、三……一边扳手指。当十个手指都扳到了，就在地上放一块小石头或其他什么东西代表"十"，再一、二、三……地数，数满了，再放一块小石头……到积满十块小石头时，再换成一个别的什么东西。这就是逢十进位的来源。

另外一些人爱用一只手的五个指头来

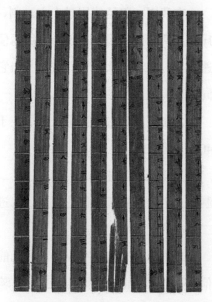

世界上最早的十进制乘法表文物：清华简《算表》

数数，就只能"逢五进一"了。"逢五进一"比"逢十进一"出现得更早，许多民族的记数方法中都留下了它的痕迹。比如我国的算盘，下档一颗珠代表1，上档一颗珠代表5，就是如此。

有些民族不但用两只手数，而且双脚的十趾也一齐帮忙，于是他们就是"逢二十进一"了。在法国至今仍有采用二十进制的场合，他们称220人一队的宪兵是"11个20"；巴黎有个建于700年前的盲人医院，可容纳300个病人，这个医院叫"15·20医院"。

英国历代使用十二进制，1英尺等于12英寸，1打等于12只，等等。许多人认为十二进制比十进制优越，因为它能被2、3、4、6四个数整除，不像10只有2、5两个约数。瑞典国王查理十二临终前还念念不忘在他统辖的地区，把十进制改为十二进制，然而未能如愿以偿。

十二进制虽然有它的优点，但是古代民族未必会认识到这一点，那它的起源是怎样的呢？有人认为某些古代民族记数时不是以手指为单位，而是以手指关节为单位。在一只手中，除大拇指外，还有4个手指，各有3个关节，合计12个关节。利用这些关节数物品，当数满12时，就进到高一位的计数单位——大拇指。

在我国，曾经使用过十六进制，有句成语"半斤八两"，意思就是两者（半斤和八两）是一回事。因为使用不便，已不再使用。但是近年来随着计算机的飞速发展，科学家认为十六进制和与它类似的八进制，是人类与机器最理想的"共同语言"。

六十进制是古巴比伦人（居住于现今的伊拉克）留给我们的遗产，至少已有4000年历史了。

上面谈了五进制、十进制、十二进制、十六进制、六十进制，却没提到二进制这个当今计算机时代的宠儿。二进制到底是怎么回事呢？下面就给同学们说说二进制的起源与发展。

二进制最早出现在我国。公元前1000多年，商纣王暴虐无道，为了排除异己，他将周族领袖姬昌（即周文王）无辜拘禁。姬昌忍辱负重，潜心推演出著名的《易经》一书，书中有这样的语句："易有太极，是生两仪，两仪生四象，四象生八卦。"

意思是说：一分为二，二分为四，四分为八。用现在的数学式子表示，就是 $2^0=1$，$2^1=2$，$2^2=4$，$2^3=8$。$2^0=1$ 可理解为 2 尚未"分"时是 1，$2^1=2$ 可理解为 2 分一次后为 2，依此类推，可解释剩余的式子。八卦是大家都很熟悉的名词了，而八卦实际上就是整个《易经》一书的符号系统的基础。八卦由两种基本的卦画——阳卜"——"（肯定）与阴卜"— —"（否定）的不同排列组合而成，恰与二进制数码相对应。

《易经》中的八卦

因此，《易经》中的符号系统，实际上就是一个二进制的符号系统。很可惜这一点不是中国人最早看出来的，而是由计算机二进制的发明人莱布尼兹首先看出来的。据说，1701 年末，莱布尼兹已经 54 岁了，他为了研制乘法计算机而苦苦思索。当他正处于"山重水复疑无路"时，他的好友法国传教士傅威特将其收集到的中国的《参同契》中的两张"易图"——"伏羲六十四卦次序图""伏羲六十四卦方位图"寄给了他。从这两张图中，莱布尼兹得到了启示，他进入了"柳暗花明又一村"的佳境，终于发明了二进制。莱布尼兹对《易经》的评价极高，当他发现几千年前的《易经》中的符号系统与二进制不谋而合的时候，心情很激动，甚至表示愿意加入中国籍。他说："易图是流传于宇宙间所有科学的最古老的纪念物。"迄今为止，《易经》中的很多道理并未被人们所完全掌握，可见中国古代人的智慧有多么了不起。

《易经》中的符号系统是二进制的符号系统，而现在，二进制更是计算机的宠儿。由于二进制只需"0"和"1"两个数字就可以表示一切数字，这对于机器来说最为有利。因为二进制只要找到一个具有两种稳定状态的元件就可以实现，这种元件还是很多的，比如电键的打开与闭合等。而其他的进位制需要具有多种稳定状态的元件才能实现，这在技术上是较难实现的。另外，二进制的运算很简单，可以大大提高运算速度，对一位数而言，二进制的加、乘运算分别只有 4 种情况,而十进制则有 100 种情形。二进制不但可以进行数字运算,还可以表示"是"和"否",所以,二进制便成了计算机的宠儿,在现今的科技发展中起着举足轻重的作用。

各种进位制差不多介绍完了,相信大家对于进位制有了一个初步的了解。其实,正是有了这些进位制,才构成了简单方便的表示数的数值以及数值计算的方法,使得数学成为一种无国界的科学。

知识加油站

幂的运算法则

同底数幂的乘法法则:同底数幂相乘,底数不变,指数相加。

即 $a^m \cdot a^n = a^{m+n}$(m,n 都是正整数)。

幂的乘方法则:幂的乘方,底数不变,指数相乘,即 $(a^m)^n = a^{mn}$(m,n 都是正整数)。

积的乘方法则:积的乘方,把积的每一个因式分别乘方,再把所得的幂相乘,即 $(ab)^n = a^n b^n$(n 为正整数)。

同底数幂的除法法则:同底数幂相除,底数不变,指数相减,即 $a^m \div a^n = a^{m-n}$(m,n 为正整数,$a \neq 0$)。

注意:$a^0 = 1$($a \neq 0$);$a^{-p} = \dfrac{1}{a^p}$($a \neq 0$,p 为正整数)。

2.2　带你重新认识九九乘法表

一一得一								
一二得二	二二得四							
一三得三	二三得六	三三得九						
一四得四	二四得八	三四十二	四四十六					
一五得五	二五一十	三五十五	四五二十	五五二十五				
一六得六	二六十二	三六十八	四六二十四	五六三十	六六三十六			
一七得七	二七十四	三七二十一	四七二十八	五七三十五	六七四十二	七七四十九		
一八得八	二八十六	三八二十四	四八三十二	五八四十	六八四十八	七八五十六	八八六十四	
一九得九	二九十八	三九二十七	四九三十六	五九四十五	六九五十四	七九六十三	八九七十二	九九八十一

九九乘法表

"一一得一，一二得二，一三得三，……，二二得四，二三得六，……，九九八十一。"这是现在每个小学生都熟悉的"九九"歌，或者叫小九九。可这个歌诀为什么叫作"九九"歌呢？

在古代，"九九"歌是由九九八十一开始的，正因为这样，人们称它为"九九"歌。由于做乘法时人人都离不开它，因而它才能沿用下来，一直流传到今天。

"九九"歌的起源很早，汉代燕人韩婴的《韩诗外传》中记载了下面的一段故事。

春秋时期，齐桓公设立招贤馆，征求各方面的人才。他等了很久，一直没有人来应征。过了一年后才来了一个人，他是东野地方的老百姓，此人把"九九歌"献给齐桓公，作为表示才学的献礼。齐桓公觉得很可笑，就对这个人说："'九九'歌也能拿出来表示才学吗？"这个人回答得很好，他说："'九九'歌确实够不上什么才学，但是您如果对我这个只懂得'九九'歌的老百姓都能重礼相待的话，那么还怕比我高明的人才不会接连而来吗？"齐桓公觉得这话很有道理，就把他接进招贤馆，并给予隆重的招待。果然不到一个月，四面八方的贤士接踵而来。

这个故事说明，"九九"歌的产生最迟也是在春秋战国时期。在那时，"九九歌"早已在人民群众中广泛流传、应用着，而且已经不是什么稀罕的事情了。在公元前 7 世纪，我国就已经有"九九"歌了。1908 年，人们在甘肃敦煌发现的木简及 1930 年在甘肃北部居延烽火台遗址发掘出来的木简上都载有九九表。

利用九九表是乘法运算史上的一大进步。从本质上说，乘法是加法的一种特殊形式。正因为如此，人们在探求乘法的过程中，经历了一个似乘似加、又乘又加的运算阶段。

埃及早期（公元前 1700 年左右）的乘法实际上是一种"倍乘又叠加法"。比如 53×17：

先将 53 倍乘（乘 2）得 $53 \times 2 = 106$；

再将 106 倍乘得 $106 \times 2 = 212 = 53 \times 4$；

再将 212 倍乘得 $212 \times 2 = 424 = 53 \times 8$；

再将 424 倍乘得 $424 \times 2 = 848 = 53 \times 16$；

最后将 848 与 53 加起来得 901。

这种运算说明，当时人们对 53×17 的意义是明确的。整个过程虽然可以说是对连加运算的一个初步简化，但当时人们还没有创立起九九表。

对乘数是 10 的运算，古埃及人采用的是将被乘数的单位符号扩大（升级）。这与我们现在采取在被乘数后加零或将小数点移位的做法本质上是一样的。对乘 5 的运算，则采取乘 10 后再除以 2 的办法，很明显这是因为他们对乘 10 和折半运算已经熟悉的缘故。

值得注意的是，古埃及人这样的"倍乘又叠加法"，在许多民族中都先后出现过。例如，俄罗斯农民也常用这样的"倍乘""平分"与加法相结合的方法算乘法，它被称为"俄罗斯农民乘法"。

巴比伦的乘法要比古埃及先进。据出土的巴比伦泥板考证，公元前 2000 多年，巴比伦人就已经利用乘法表来运算了。乘法表记录了某个数从 1 乘起，分别乘到 60 的全部答案。运算时，只须根据需要，从不同的表中寻找答案即可。如果无法直接查得，比如 54×27，那么，他们的做法是先求 54×20，再求 54×7，然后将结果相加。只要所求算式中的数目在表中能够查得，那么通过查表和适当的加法运算是不难得出结果的。当然这种表既不如九九表那样具有普遍性，也不如九九表那样便于诵读。

我国是较早利用九九表做乘法运算的国家，其方法在《孙子算经》和《夏侯阳算经》中叙述得很详细。比如 28×72，计算时大致步骤如下。

（1）先列式。把相乘二数按上下对列，上列乘数，下列被乘数，使被乘数的最低位数与乘数的最高位数对齐，中间留着写积。

（2）从高到低，随乘随加。以乘数的最高位起乘，依次从高位到低位，乘遍被乘数的各位数字，随乘随加将结果放入中间空处。乘时只需呼出口诀即可。

（3）移位。将乘数的最高位数去掉（表示已乘过），又将被乘数的最低位数与留下的乘数的最高位数对齐。

（4）重复第（2）、（3）步骤，直至乘数中每一位数都遍乘过被乘数为止，并将最后结果放入中间。

由于运算都是用算筹进行的，随乘随加时只需拿去或放上一些算筹就可以了，因此这种算法让人颇觉顺手、方便。

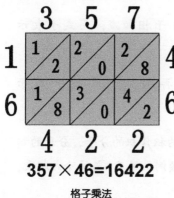

357×46=16422

格子乘法

约在 6 世纪，印度出现了一种与我国相仿的乘法，不同之处是他们将积数放在最上面，基本过程与我国一致。由于印度人当时是用笔在类似黑板的东西上蘸白粉液"写算"，写过的字容易抹去，因此也利于随乘随加。9 世纪左右，印度的笔算乘法传入阿拉伯，经世代相传，在阿拉伯创立起了一种所谓的"格子乘法"。

格子乘法也用笔算，但具体过程与印度笔算大不相同。其中被乘数与乘数每一位的每次相乘结果都是写出的。如 357×46，先将被乘数和乘数写在格子框的上面和右边，然后将乘数的每位数依次逐一与被乘数相乘；每两个数的积写在格子里，十位数写在小格子中斜线的上方，个位数写在下方。全部乘完后，将斜行各数相加，结果写在斜行的末端，然后按从上到下、从左到右的顺序读数，结果是 16422。格子乘法后来在欧洲也曾风行一时，不过终究由于画格子太麻烦，随着其他的乘法陆续问世，这一算法就渐渐被淘汰了。

格子算法也曾传入我国，最早的记载见于 15 世纪吴敬所撰写的《九章算法比类大全》，当时吴敬称它为"写算"。我国数学家程大位在 1592 年撰写的《算法统宗》一书中，也有格子算法，程大位将它取名为"铺地锦"。"铺地锦"未能在我国普及，其原因是当时我国的筹算乘法并不比它落后。

17 世纪初，我国数学家李之藻将德国数学家克拉维斯的《实用算术概要》和程大位的《算法统宗》合编成《同文算指》一书。他首次将欧洲的笔算，包括现行的乘法等四则运算法则介绍进我国。现行的乘法逐渐开始在我国流行，不过数码还用我国的字体。19 世纪后期起，随着人们对欧美和日本数学著作的大量翻译，阿拉伯数码终于替代我国数码，从此乘法从符号到法则都成为现在这个样子了。

知识加油站

分式的运算法则

（1）分式的加减法则：

①同分母的分式相加减，分母不变，把分子相加减，用式子表示是：$\dfrac{b}{a} \pm \dfrac{c}{a} = \dfrac{b \pm c}{a}$；

②异分母的分式相加减，先通分，再加减，用式子表示是：$\dfrac{b}{a} \pm \dfrac{c}{d} = \dfrac{bd + ac}{ad}$。

（2）分式的乘除法则：分式乘分式，用分子的积作积的分子，分母的积作积的分母；分式除以分式，把除式的分子、分母颠倒位置后，与被除式相乘，用式子表示是：$\dfrac{b}{a} \times \dfrac{d}{c} = \dfrac{bd}{ac}$；$\dfrac{b}{a} \div \dfrac{d}{c} = \dfrac{b}{a} \times \dfrac{c}{d} = \dfrac{bc}{ad}$。

（3）分式的乘方法则：分式乘方是把分子、分母各自乘方，用式子表示是：$\left(\dfrac{b}{a}\right)^n = \dfrac{b^n}{a^n}$（$n$ 为整数）。

分式的混合运算关键是弄清运算顺序，分式的加、减、乘、除混合运算也是先进行乘、除运算，再进行加、减运算，遇到括号，先算括号内的。

2.3 滴水不漏的数学证明

《辞海》中对"证明"一词是这样解释的："根据已知真实的判断来确定某一判断的真实性的思维形式。"简单来说，就是用已知的真理来判断某一事物的真实性。实际上，在日常生活里，我们常常不自觉地运用"证明"这一推理方式。

《韩非子》中有这样两则故事。

宋国有个卖酒的人，买卖很公平，对待客人也很恭敬。他酿的酒很醇美，酒店的幌子也挂得很高，但是他的酒积压了很多卖不出去，最后酒都变酸了。对此他很奇怪，就向人们询问是什么原因。一个名叫杨倩的长者说："是你的狗太凶猛啦！"他又问："狗凶猛，那酒为什么卖不出去？"杨倩答道："人们怕狗呀。有的人家让孩子拿着钱来打酒，而这只狗迎上去就咬他们。这就是酒所以变酸而卖不出去的原因。"

这种推理方式混合采用了穷举法和演绎法。酒卖不出去的原因本来可能有好几个，但经过分析者逐一排除，最后只剩下一个。再经推理，即找出合理的解释。

燕王向民间征召有特殊技巧的人，有个卫国人说："我能够在酸枣刺的尖端雕刻母猴。"燕王很高兴，用优厚俸禄供养他。有一次，燕王说："我想看看你雕刻的棘刺母猴。"卫国人说："国君您想看到它，那就必须半年不进后宫，不喝酒，不吃肉，而且还要在雨停日出的天气里，在那既明又暗的光线之间才能看得见。"燕王拿他没办法，就只好养着这个卫国人，却不能看他雕刻的母猴。

郑国有个在官府服役的铁匠对燕王说："我是打刀的。我知道各种微小的东西都要用小刀刻削，而所刻削的东西一定要比刻刀的刀刃大。如果酸枣刺的尖端小得容纳不下刀刃，就很难在上面雕刻。大王去看看那人的刻刀，那么刻母猴的事能不能办到也就可以知道了。"燕王说："好主意！"于是他跟那个卫国人说："你在酸枣刺尖端上雕刻母猴，是用什么工具来刻的？"那人说："用刻刀。"燕王说："我想看看你的刻刀。"那人说："请让我回到住处去把它取来吧。"卫国人退出后就趁机逃走了。

这种推理方式采用了反证法。要在棘刺尖上刻母猴，必须有刀刃比棘刺尖还小的刻刀。如果没有这样的刀，便没法在棘刺尖上雕母猴了。

上面的两则故事看似平淡无奇，但与数学证明的道理一般无异。不过，我们可以把数学上的证明描述得更为精确。我们可以以一些基本概念和基本公式为基础，使用合乎逻辑的推理方法判断一个假设是否正确。那么，在人类的文明史上，证明这个概念是怎样产生的，又是什么时候产生的呢？

一般的著作中都认为数学证明始于公元前6世纪。据说当时的希腊数学家、哲学家泰勒斯证明了几条几何定理，包括直径把圆平分、等腰三角形的底角相等、对顶角相等之类的问题。有人说，他是数学证明思想的创始人，事实是否如此，就难以考证了。到了公元前4世纪，欧几里得写成了不朽巨著《原本》。他从一些基本定义与公理出发，以合乎逻辑的演绎手法推导出400多条定理，从而奠定了数学证明的模式。

为什么证明会开始于古希腊呢？为什么他们想要证明数学命题呢？

希腊人研究几何学有着得天独厚的条件。其他的古代文明，大都属于农业社会，人们祖祖辈辈耕耘在土地上，生活局限于一方狭小的天地里。而希腊民族是一个擅长航海的民族，繁荣的海上贸易使他们对空间有着旅行家般的敏

古希腊哲学家、数学家泰勒斯

感，他们探求现实世界空间形式的欲望也就更为强烈。

由于几何学的研究对象不再是具体事物的形状，而是抽象的数学概念，由此而产生的抽象的几何结论，也就具有极其广泛的普适性。在将其运用到各种自然现象之前，人们得保证它是正确的，不然的话，在应用中就会导致差错。怎样保证一个数学结论是正确的呢？仅用人们习惯的观察、实验、归纳的方法是很不够的，因为即使你能举出9999个例子说明某个结论是正确的，可是，谁又能保证

第 10000 个例子不出意外呢？

幸好，实验、归纳法不是人们认识真理的唯一方法。比如说，有三棵树，我们知道了甲树比乙树高，又知道乙树比丙树高，那么，不需要再去实际测量，通过逻辑推理就可以断定甲树比丙树高。也就是说，直接从实践中获取部分真理，再运用逻辑推理的方法，人们可以得到真理的其他部分。聪明的古希腊数学家正是用这种方法来保证数学结论的正确性的。具体地说，他们用的是演绎法。这是一种从一般事理成立，推出特殊事理成立的逻辑推理方法。

古希腊人把直接从实践中得到的真理叫作"公理"，公理的正确性是经过实践反复检验的，为人所共知而且令人一目了然，比如"两点可以连接一条直线"等。古希腊数学家把公理作为演绎推理的基础，去论证几何结论的正确性。一个几何结论被证明是正确的，就成了一个几何定理。以这个定理为基础，又可以推导出新的几何定理来，而不必一切都去从头开始，因为只要推理的方式正确，后一个定理的正确与否，完全可由前一个定理保证。这样，几何学的内容就异常丰富起来，而且，几何学本身也就构筑成了一个严谨的科学体系，它像一根链条，每一个环节都衔接得丝丝入扣。

公理法和演绎推理是数学的本质特征之一，也是数学区别于其他自然科学学科的明显标志。它的引入，正是古希腊文明为数学发展做出的又一个伟大的贡献。

知识加油站

平面几何中的公理

以下列几条简明而又容易被接受的命题作为公理（有些书上亦称为"基本性质"）。

两点决定一条直线：经过两点有一条直线，并且只有一条直线。

两点间线段最短：在所有连接两点的线中，线段最短。

垂线唯一性：经过一点有且只有一条直线垂直于已知直线。

垂直线段最短：从直线外一点到这条直线的所有线段中，垂直线段最短。

平行线唯一性：经过直线外的一点有且只有一条直线和这条直线平行。

同位角相等，则两直线平行：两条直线被第三条直线所截，如果同位角相等，那么这两条直线平行。

平行线的同位角相等：两条平行线被第三条直线所截，同位角相等。

另外还有判定两个三角形全等的三个公理："边角边公理""角边角公理""边边边公理"。

中学平面几何的全部其他定理都可以在这些公理的基础上用逻辑推理的方法给予导出与论证。

2.4　用字母代替数字

很早以前，人们在叙述数学的一般性规律时，总喜欢用语言叙述相应的运算法则，这就是代数学的初级阶段。到 16 世纪末，法国的大数学家韦达吸收了前人的经验，发明了一种新方法——采用元音字母 a、e、i…代表未知量，辅音字母 b、d、g…代表已知量。韦达相信普遍应用字母代数的方法，会使运算过程变得简明得多。1591 年，他在《美妙的代数》一书中，把算术和代数加以区别，从而使后者不仅用数，也用字母进行计算，推进了代数问题的一般性讨论。由于他采用的字母过多，显得繁杂而不便，所以韦达发明的这个新"武器"并没有引起人们的充分注意。17 世纪法国的杰出数学家笛卡儿在 1637 年发表的许多数学著作中，普遍地应用前几个字母 a、b、c…代表已知量，用后几个字母 x、y、z…表示未知量，用 a^3、b^3…的形式表示幂，奠定了代数的符号系统。

今天看来用字母代替数字是个很简单的事情，而且仅仅是一种符号的改进，这对研究数学有什么作用呢？其实，数学中一些新成就的出现，常常与表示符号的改进有着十分密切的关系。例如，阿拉伯数字是表示数字的一种符号，这种符号的普遍采用，被人们称为数学计算的三大发明之一。而韦达等人使用字母表示数的方法，大大促进了数学的发展，为以后解析几何和微积分理论的出现和发展奠定了基础。

例如，有一辆载重汽车，每小时能行驶 80 千米，试问这辆车 2 小时、5 小时分别能跑多少？只要列出下面两个算式：

$$80 \times 2 = 160（千米）$$

$$80 \times 5 = 400（千米）$$

这样就能计算出汽车行驶的路程。

那么，在这里路程、速度、时间三者之间的关系是什么？

如果用字母 s 表示路程，v 表示速度，t 表示时间，我们可以得出下面的一般性公式：

$$s = vt$$

这个公式简明而又概括地揭示出路程、速度、时间的数量关系，这就是代数的功劳！

仅有一个孤立的数字符号是没有多大意义的，人们在实际应用中还要研究它们之间的运算规律，用字母表示数，可以表示数的共同性质。例如，"两数相加，交换两个数的位置，其和不变"，这句话用字母可以简明地表示为 $a+b=b+a$。

这就是加法的交换律。同样也可以表示其他定律。

加法结合律：$(a+b)+c=a+(b+c)$

乘法交换律：$a \cdot b=b \cdot a$

乘法结合律：$(ab)c=a(bc)$

加乘分配律：$(a+b)c=ac+bc$

大家看，用字母表示这些定律是多么简明扼要啊！

大科学家牛顿在一本《普通算术》的教科书中写道：要解答一个问题，里面含有抽象的数量关系时，只要把题目由日常的语言译成代数的语言就行了。牛顿在这里所说的"代数的语言"，就是用字母表示数的意思，它是翻译数学表达式的有力工具。

有这么一个趣题：

下了一阵雷雨，马和驴子并排在一条泥泞的道路上走着。它们的背上都驮着重重的大包袱，压得它们喘不过气来。主人为了赶路，又不断地扬起鞭子抽打它们。马实在忍受不住，抱怨着说它的负担太重了。

"你抱怨什么？"驴子回答说，"你瞧，如果我从你背上拿过一个包袱，我的负担就是你的两倍。如果你从我背上拿过一个包袱，你驮着的也不过和我一样重。"它们互不服气地争吵着……

用 x 表示马驮的包袱数，y 表示驴子驮的包袱数，上文可以翻译为：

原文	翻译式
如果我从你背上拿过一个包袱	$x-1$
我的负担	$y+1$
就是你的两倍	$y+1=2(x-1)$
如果你从我背上拿过一个包袱	$y-1$
你驮着的	$x+1$
也不过和我一样重	$y-1=x+1$

最后得到的一组算式是 $y+1=2(x-1)$，$y-1=x+1$。

大家看，采用字母代替数的方法，比用语言叙述要简明得多。这种方法是进一步学习代数式运算和列方程解应用问题的基础。大家感兴趣的话，可以计算一下马和驴子的负担各是多少。

还有一个"李白沽酒"的故事，故事的内容是这样的：

李白无事街上走，提着酒壶去买酒；

遇店加一倍，见花喝一斗；

三遇店和花，喝光壶中酒。

试问壶中原有多少酒？

设壶中原有酒 x 斗，上文可以翻译为：

原文	翻译式
遇店加一倍	$2x$
见花喝一斗	$2x-1$
三遇店和花	$2[2(2x-1)-1]-1$
喝光壶中酒	$2[2(2x-1)-1]-1=0$

用字母表示数的方法，在研究事物数量之间的关系时，表达起来便于书写，应用时具有普遍意义，另外，还有助于探索数字间的内在规律。

下面请大家一起做一个数字游戏。每个人任意写一个三位数，把这个三位数颠倒其数字位置，得出一个新的三位数，再求出前后两个三位数之差。大家想一想，这些差具有什么共同的性质？

设 a、b、c 分别表示任意一个三位数的百位、十位、个位上的数字，那么这个三位数应当是

$$N=100a+10b+c$$

颠倒其数字位置就是

$$N'=100c+10b+a$$

求其差为

$$N-N'=(100a+10b+c)-(100c+10b+a)=99a-99c=99(a-c)$$

答案出来了，这些差都是 99 的倍数。这个规律在没有使用字母表示数之前，

是不容易被人们注意到的。代数使人们摆脱了使用具体数字研究问题的局限性，为人们提供了揭示数量关系一般性质的可能性，是数学发展史上的一项重大革新。

知识加油站

代数式的有关概念

用运算符号（加、减、乘、除、乘方、开方）把数或表示数的字母连接而成的式子叫代数式，单独的一个数或一个字母也是代数式。

只含有数与字母的积的代数式叫单项式，单独一个数或一个字母也是单项式。

注意：单项式是由系数、字母、字母的指数构成的，其中系数不能用带分数表示，如 $-4\frac{1}{3}a^2b$ 这种表示就是错误的，应写成 $-\frac{13}{3}a^2b$。一个单项式中，所有字母的指数的和叫作这个单项式的次数，如 $-5a^3b^2c$ 是六次单项式。

几个单项式的和叫多项式，其中每个单项式叫作这个多项式的项。多项式中不含字母的项叫作常数项。多项式里次数最高的项的次数就是这个多项式的次数。

2.5 数学展览馆里的怪图

看，这是学校举办的祖国古代科学成就展，其中数学展览馆里挂的一张怪图。杨芬和柳芝两个数学爱好者正站在这张图前横瞅瞅竖瞄瞄，百思不得其解。

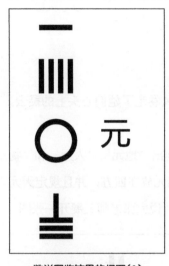

数学展览馆里的怪图(1)

"这是一张什么图？怎么看不懂啊？"杨芬噘着小嘴说，淡淡的柳叶眉拧在一起。

"看看解说词吧！"柳芝答道。

于是两人一字一句，反反复复地读解说词。但是，在她们苹果似的脸蛋儿上，依然笼罩着一团疑云。

正在她们百思不得其解的时候，讲解员张老师走过来了。

"张老师，请您给我们讲一讲这张怪图吧！"杨芬嘴快，没等张老师走近，她就向他发出了"求援电"。

张老师接到"电报"，火速赶来，向这两位求知迫切的同学讲起了"怪图"的历史。

"其实，这张图是你们的老相识呀！"张老师风趣地开了腔。

"怪了，从来就没有见到它，怎么会是老相识呀！"杨芬和柳芝嘴上没说，心里可嘀咕着。

"这就是天天与你们打交道的方程呀！"张老师故作惊讶地说。

"方程？！"杨芬和柳芝不约而同地说，眼睛睁得大大地看着这个没见过面的"熟人"。

"不过，这是方程的中国打扮！"张老师话锋一转，开始进入正题。

原来，我们的祖先是最早用文字代替数进行运算的，方程就是用文字进行运算的一种形式。11～13世纪，我国古代的数学家们，就创造了根据已知条件设未知数列出方程的方法，叫作"天元术"。这张图就是天元术的实例。

用天元术运算时，先立"天元"表示所求的未知数，再根据问题中给出的数据，列出两个数量相等的多项式,然后将这两个多项式相减,构成一个一端为零的方程。

在天元术里,多项式是用分离系数法表示的。通常在一次项旁边注个"元",或者在常数项边上写个"太"。

"怪图(1)"中的"元"字左边是个零,所以"一次项"为零;在它上面的两行分别表示二次项和三次项的系数;在它下面的一行就是常数。现在,我们就可以把这张"怪图"翻译成:

$$x^3+4x^2+0x+8=0$$

即
$$x^3+4x^2+8=0$$

杨芬和柳芝恍然大悟。张老师的讲解,就像一阵清风卷走了她们心头上的疑云。

"不仅如此!"张老师接着讲下去。

"如果碰到的问题中不止一个未知数时,那就要再列出'地元'、'人元'和'物元'来。在四元问题列式的时候,把太极放在中央,四元放在四方,并且规定天元在下,地元在左,人元在右,物元在上。再看这张图!"说完张老师又展开一张图。

"把这张图翻译过来就可以写成:
$6x+3y+2z+4w=0$"

"哦哦,现在我才真正搞懂了几元几次方程中'元'的含义!"杨芬兴奋地说。

"嘿,我们的祖先真了不起!原先我只知道丢番图是欧洲代数学方面的杰出代表,他创立了不少解特殊方程的方法,但是,读了他的100道方程的解法,对第101道方程还会束手无策。而我们的祖先早就找到了方程的一般解法,远远超过欧洲。"柳芝也赞叹起来。

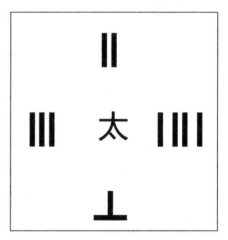

数学展览馆里的怪图(2)

"对,我国古代关于列方程解应用题的方法比欧洲要早几百年!"张老师接着说,"还有比这早的。在汉代赵爽对《周髀算经》所作的'方圆图注'中,就有了关于一元二次方程问题解答的记载。你们看!"说完,张老师又展出一张图。

图旁边还写着：

如图，已知 $a+b=L$，$ab=A$，且 $b>a$，求 a。

设 $a=x$，则 $b=L-x$，

由此得 $x(L-x)=A$，

即 $-x^2+Lx-A=0$，

或 $-x^2+(a+b)x-A=0$。

由图可知，$(b-a)^2=(a+b)^2-4ab$

即 $(b-a)^2=L^2-4A$

$b-a=\sqrt{L-4A}$

又 $b+a=L$

$$x=\frac{L-\sqrt{L^2-4A}}{2}$$

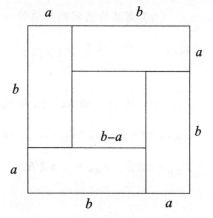

"看，借助几何的方法，我们的祖先求得了一元二次方程的解。它和我们今天学的公式是多么相似啊！关于方程，我国古代还有许多研究，我们今天就只谈这么多吧！"

知识加油站

列方程解应用题的常用公式：

（1）行程问题：距离 = 速度 × 时间　　速度 = $\dfrac{距离}{时间}$　　时间 = $\dfrac{距离}{速度}$；

（2）工程问题：工作量 = 工效 × 工时　　工效 = $\dfrac{工作量}{工时}$　　工时 = $\dfrac{工作量}{工效}$；

（3）比率问题：部分 = 全体 × 比率　　比率 = $\dfrac{部分}{全体}$　　全体 = $\dfrac{部分}{比率}$；

（4）顺逆流问题：顺流速度 = 静水速度 + 水流速度，逆流速度 = 静水速度 – 水流速度；

（5）商品价格问题：售价＝定价×折扣×$\frac{1}{10}$，利润＝售价－成本，利润率＝$\frac{售价－成本}{成本}$×100%；

（6）周长、面积、体积问题：$C_{圆}=2\pi R$，$S_{圆}=\pi R^2$，$C_{长方形}=2(a+b)$，$S_{长方形}=ab$，$C_{正方形}=4a$，$S_{正方形}=a^2$，$S_{环形}=\pi(R^2-r^2)$，$V_{长方体}=abc$，$V_{正方体}=a^3$，$V_{圆柱}=\pi R^2h$，$V_{圆锥}=\frac{1}{3}\pi R^2h$。

2.6 "张神童"与不定方程组

"张神童,报个账你算一算!"张丘建正在聚精会神地钻研《九章算术》,听到有人叫他算账,赶紧抬起头来,一看,原来是邻居王大伯和李大伯。

"两位大伯,请报吧!"张丘建彬彬有礼地说。

"是这样,"王大伯先开口了,"我们两人的身上都带着钱,但不知道有多少,要是我得到你李大伯的 10 个钱,那么我所有的钱就比李大伯身上所余的钱多 5 倍。"

李大伯马上接过来说:"要是我得到你王大伯的 10 个钱,那么,我们两人有的钱数就相等了。"

"张神童,请你算算看,我们原来身上各有多少钱?"王大伯和李大伯异口同声地说。

只见张丘建皱着眉头,眨眨眼睛,想了一会就张口了:"两位大伯,我算出来了,王大伯身上原有 38 个钱,李大伯身上原有 18 个钱。"

"对,对!算得真准,真不愧是张神童啊!"

张丘建是我国古代著名的大数学家。他出生在一个贫苦的家庭,靠父亲卖鸡来维持一家人的生活。

张丘建从小爱读书,特别爱读数学书。他学习刻苦,每天鸡叫三遍就起床,掌灯读书;晚上直到夜深人静,他还在演算数学题。家庭贫寒,有时买不起灯油,他就学车胤囊萤,学得困了,他就仿照苏秦刺股。

真是勤奋天下无难事,壮志面前铁如泥啊!到十岁时,张丘建就读完了中国古代数学三大名著《周髀算经》《九章算经》和《孙子算经》,在数学方面积累了丰富的知识。

张丘建常常主动帮助邻居解决疑难问题,或者帮别人处理银钱上的纠纷。他不仅算得准,而且算得快。因此,大家叫他"张神童"。

"张神童"的名字和事迹很快在当地传开了,一传十,十传百,传到当朝宰相耳中，宰相为了试探一下虚实，就把张丘建的父亲叫来。当时的鸡价是公鸡每只五文钱，母鸡每只三文钱，小鸡每三只一文钱。宰相给了张丘建的父亲一百文钱，要他第二天带一百只鸡来，不许多，也不准少。

晚上，张丘建的父亲回到家中，闷闷不乐。张丘建见父亲愁眉苦脸，就问："爸爸，您有什么不顺心的事吗？"

"唉，你不知道，当朝宰相给了我一百文钱，要我明天带一百只鸡去，还说，一只不能多，一只不能少，哪有这么巧的事呢？弄不好，我就要被砍头啊！"

"爸爸，请您不要发愁，我自有办法。"

第二天，张丘建叫父亲带去 4 只公鸡、18 只母鸡、78 只小鸡。宰相一看，正好是一百文钱买一百只鸡。于是，他又给老张头一百文钱，要他再送一百只鸡来，并且不许和上次的重复。

张丘建知道后，又叫父亲送去 8 只公鸡、11 只母鸡、81 只小鸡。

宰相收到鸡后，赞叹不已。他继续给老张头一百文钱，要他还送一百只鸡。这时，老张头的心里真像十五个吊桶打水——七上八下。

前两次，他的儿子经过细心计算，如数送去，这第三次还能行吗？他忐忑不安地把情况向儿子说了。哪知道，张丘建不慌不忙地又说了一个数目："爸爸，您明天给宰相送去 12 只公鸡、4 只母鸡、84 只小鸡。"

宰相经过三次考察，确认"张神童"名不虚传，于是把他请到家里，问他说："3 次买鸡数目都不一样，年轻人，你是怎样算的呀？"

张丘建给丞相讲了起来："可以设公鸡 x 只，母鸡 y 只，小鸡 z 只。按照您要求的 100 文钱买 100 只鸡，可以列出一个方程组。

$$\begin{cases} x + y + z = 100 \\ 5x + 3y + \dfrac{1}{3}z = 100 \end{cases}$$

这个方程组有点儿特殊。未知数的个数是 3，方程的个数是 2，未知数的个数多于方程的个数，这种方程组叫不定方程组。"

"不定方程组？不定方程组怎样解法？"丞相对这个问题很感兴趣。

张丘建说："解不定方程组时，可以把其中一个未知数移到等号的右端，得到如下式子。

$$\begin{cases} x+y=100-z \\ 5x+3y=100-\dfrac{1}{3}z \end{cases}$$

然后再给 z 一些合适的值，解算出 x 和 y 的值。

比如 $z=78$，由方程组

$$\begin{cases} x+y=22 \\ 5x+3y=74 \end{cases}$$

可以解得 $x=4$，$y=18$。也就是说用 100 文钱可以买 4 只公鸡、18 只母鸡、78 只小鸡。这正是我父亲第一次给您买回来的鸡数。"

丞相点点头："嗯，难道用这一组方程还能算出其他的答数？"

"可以。"张丘建说，"关键是看您给 z 什么值了。如果令 $z=81$，又可得方程组

$$\begin{cases} x+y=19 \\ 5x+3y=73 \end{cases}$$

解得 $x=8$，$y=11$，即 8 只公鸡、11 只母鸡、81 只小鸡。这正是我父亲第二次给您买的鸡数。

如果令 $z=84$，可解得 $x=12$，$y=4$，即可买 12 只公鸡、4 只母鸡、84 只小鸡。这正是我给您说的 3 个数。"

丞相突然问："照你这么说，这公鸡、母鸡、小鸡想怎么买就怎么买喽！"

张丘建摇摇头说："那可不成。尽管对于一般的不定方程组来说可以有无穷多组解，但是对于您出的百鸡问题却不成。首先，z 必须取正整数，因为 z 表示的是小鸡数目。另外，z 只能在 78 和 84 之间取值，因为小于 78 或大于 84 时，算出的鸡数会是负数。"

丞相问："从 78 到 84 的自然数都可以取吗？"

张丘建又摇摇头说："那也不成。z 只能取 78、81 和 84 三个数，相应得出

三组解。z 如果取 78 和 84 之间其他自然数，算出来的鸡会是分数。"

丞相笑着说："我前面恰好叫你买了3次鸡，如果让你买4次，你就没办法了！"

张丘建点头说："丞相所言极是！"

丞相非常高兴，重赏了张丘建。

知识加油站

一元一次不等式组

1. 一元一次不等式组的相关概念

把几个含有同一个未知数的一次不等式联立在一起，就组成了一个一元一次不等式组。

不等式组中所有不等式的解集的公共部分叫作这个不等式组的解集。

2. 一元一次不等式组的解法

步骤：① 分别求出不等式组中各个不等式的解集；

② 利用数轴求出这些不等式的解集的公共部分，即这个不等式组的解集。

注意：求不等式组公共解的一般规律：同大取大，同小取小，一大一小中间找，大大小小无法找。

2.7　两千年前的群牛问题

春风送来一阵悠扬的歌声和细碎的马蹄声。少顷，从橄榄林中转出一支马队，为首的一匹马上，坐着享有盛名的学者阿基米德。他在马上极目远眺，引吭高歌。举目霄汉，经过雨水的洗刷，天空格外湛蓝，一只矫健的山鹰正在天际盘旋；鸟瞰原野，经过雨水的孕育，原野上，早已绿草如茵，百花启绽，散发着沁人心脾的馨香，四季常绿的灌木丛，更显得青翠欲滴。触景生情，怎不叫这位从小就热爱大自然的学者引吭高歌呢？况且，久违的老友又要见面了。原来，阿基米德这次又应叙拉古国王赫尼洛的邀请到王宫里去，一年一度的欢乐时刻就要降临了！

叙拉古国王赫尼洛与阿基米德不仅是亲戚，而且是挚友，他们有着共同的志向和爱好。在赫尼洛眼里，阿基米德是他的朋友兼老师；而在阿基米德眼中，赫尼洛根本不是什么国王，而是他的琴台知音。每年，赫尼洛总要把阿基米德请进王宫，同他商量国家大事，探讨自然科学。

这几年，赫尼洛每年总要给阿基米德提出一个难题，企图使这位举世闻名的学者束手无策，要亲自看看这个才华横溢的人的尴尬相。但是，赫尼洛的愿望始终没能实现。举地球的难题没有难住他，王冠的秘密也很快被他揭穿了……道道难题，都被阿基米德所攻破。阿基米德每次总以胜利者的姿态出现，又以胜利者的姿态凯旋。

想到这里，阿基米德的脸上露出自豪的微笑。

去年相逢的情景又浮现在他的眼前：

赫尼洛把风尘仆仆的阿基米德迎进王宫，就设宴置酒为他接风洗尘。酒过三巡，双方的话匣子都打开了。他们从柏拉图谈到希腊，又从巴比伦谈到中国……滔滔的话语中，既洋溢着两人的聪明才智，又流露出久别重逢的情谊。

"老朋友，今年相逢，我们变换一种研究的方法。"赫尼洛话锋一转，提到了正题，"年年是我给你出题，今年你给我出题吧！"

"好吧，我的陛下。"阿基米德答道。

第二天，阿基米德把出好的题目交给了赫尼洛。赫尼洛一看，只见在一张羊皮纸上写着：

阿波罗养牛在天际，

公牛母牛一大批。

毛色品种分四样，

黑、白、花、棕真美丽。

公牛中：

白牛比棕牛多出的数，

正好是黑牛的一半加 1/3；

黑牛比棕牛多出的数，

又正好是花牛的 1/4 加 1/5；

花牛比棕牛多出的数，

却正好是白牛的 1/6 加 1/7。

母牛中：

白牛数是所有（包括公、母牛）黑牛的 1/3 加 1/4；

黑牛数是所有花牛的 1/4 加 1/5；

花牛是所有棕牛的 1/5 加 1/6；

棕牛是所有白牛的 1/6 加 1/7。

算吧，我的朋友，

牛群中各色的公牛、母牛各是多少？

看到这个题目，赫尼洛自然想起那古老的神话故事：

当初，阿波罗触犯了万神之父的宙斯，宙斯把他放逐天涯，命他牧牛。阿波罗在她姐姐——智慧女神雅典娜的帮助下，度过了流放的艰苦生活，才回到天宫，恢复了太阳神的职位。阿基米德这道题的内容，正是写阿波罗流放时的故事。故事是知道的，但这道题如何解，对赫尼洛来说，还是一个谜。

赫尼洛接到题后，就紧张地思索起来。但是，一天过去了，两天过去了……赫尼洛还没有半点头绪呢！

初试锋芒，就碰上了钉子。然而，赫尼洛并不畏惧，夜以继日地思索着、演算着。这道难题，紧紧地揪住了这位国王的心。

相聚的一个月很快过去了，赫尼洛仍旧没有找到这道题的答案。

阿基米德告辞老友，踏上了回家的道路……

一年了，赫尼洛解得怎样了呢？想到这里，阿基米德在马背上抽了一鞭，马队加快了前进的速度。王宫已经隐约可见了。只见从王宫飞驰出一队马队，渐渐地，两队会合了。

国王赫尼洛亲自出马迎接阿基米德。

"辛苦了，我的老朋友！"赫尼洛跳下马后，握住阿基米德的手热情地说。

"陛下，太感谢你的盛情了！"说着，两个朋友紧紧地拥抱在一起。

"老朋友，告诉你一个喜信吧！去年的难题，我已经解决了！"赫尼洛自豪地说。

"真的吗？陛下！祝贺你！"阿基米德也兴奋地说。

回到王宫，赫尼洛迫不及待地把他历经艰苦才解得的答案取出来，递给了阿基米德。阿基米德接过羊皮纸，只见上面工工整整地写着：

公牛

白色——10366482

黑色——7460514

花色——7358060

棕色——4149387

母牛

白色——7206360

黑色——4893246

花色——3515820

棕色——5439213

"了不起，陛下！完全正确！"阿基米德称赞道。

赫尼洛又大摆筵席，一则为阿基米德洗尘，二则庆祝自己的胜利。

筵席上，赫尼洛又要阿基米德出题。阿基米德信手写道：

来吧，我的朋友，

用我新给的条件，

回答我又一个问题。

把全部白公牛和黑公牛集合在一起，

它们就能摆成一个长宽相等的方阵；

这一望无际的西西里草原啊，

将会被大群的公牛挤得无插针之地！

可是，

若把棕公牛和花公牛聚集在一起，

就可摆成一个等边三角形；

这辽阔的西西里草原啊，

完全被棕色和花色的公牛遮蔽。

请你思考，

请你悟悉，

我的朋友，

如果你能说出每种牛的头数，

那么，

我将公正地宣布，

胜利属于你，

你将永远立于不败之地！

赫尼洛拿到这个题目后，简直无从着手。不仅在他与阿基米德相会的一个月内没有解出，以后他也一直没有解出。这个难题便以"群牛问题"的题目遗留下来了。

18世纪，希腊数学家发现了"群牛问题"，并把它整理后公布出来，立刻引起数学界的注意。不少数学家投入了"群牛问题"的研究和探讨。

当然，人们很容易根据题意列出方程：设白、黑、花、棕色公牛头数分别为 x、y、z、t，那么就有

$$\begin{cases} x+y = A^2 \\ z+t = B(B+1)/2 \end{cases}$$

根据前面一题的结果，似乎很容易求出这个不定方程组的正整数解，但是，

错了！阿基米德身后两千年的许多数学家都对"群牛问题"做了研究，然而，都交了白卷。

到了 19 世纪，有一个名叫倍尔的数学家，他会同了两个好友，辞去一切职务，埋头演算"群牛问题"。经过四年的辛勤努力，他向人们宣布：

"……用地球到银河的距离为半径得到一个球体，如果再将阿波罗的牛缩小到只有细菌那么大，甚至像电子那么小，这个球体也还嫌小，不够装阿波罗的牛……；如果动员一千个人进行计算，即使用一千年，完成这道题也是妄想……"他还说："牛的头数是个 206545 位数，只知道它的第一至第三十位数以及最后十二位数……"

这真是，上穷碧落下黄泉，两处茫茫皆不见！

渺茫的希望，并没有阻止人们向"群牛问题"的进攻。1965 年，数学界传出喜信：借助电子计算机的力量，人们成功地解答了阿基米德提出的"群牛问题"，给出了完整的 206545 位数字，仅仅花了十分钟的运转时间。

知识加油站

二次函数解析式的三种形式

（1）一般式：$y=ax^2+bx+c$（$a \neq 0$）

对称轴 $x=-\dfrac{b}{2a}$，顶点坐标 $\left(-\dfrac{b}{2a}, \dfrac{4ac-b^2}{4a}\right)$，

与 y 轴交点坐标（0，c）。

（2）顶点式：$y=a(x-h)^2+k$，对称轴 $x=h$，顶点（h，k）。

（3）交点式（或双根式）：$y=a(x-x_1)(x-x_2)$，

其中抛物线与 x 轴的交点是（x_1，0）与（x_2，0），

对称轴 $x=\dfrac{x_1+x_2}{2}$。

2.8 抛硬币说概率

一场乒乓球比赛即将开始，谁先发球似乎就占据了主动权，那裁判员是怎样决定谁先发球的呢？常用的一种方法是：裁判员拿出一枚硬币，随意指定一名运动员，要他猜硬币抛到地上后，朝上一面是正面（有国徽的一面）还是反面（有字的一面）。若猜对了就由这个运动员先发球，猜错了就由另一个运动员先发球。

还有的乒乓球比赛中，人们也是用类似的方法决定谁先发球。不同的仅仅是，人们不再抛掷硬币，而是抛一个抽签器。抽签器是一个均匀的塑料圆板，就像一个大的硬币似的。它的正面有一个红圈，反面有一个绿圈。

抛硬币

人们为什么要用这样的办法来决定谁先发球呢？

我们知道，抽签的办法一定要使参加比赛的双方运动员感到，他们每一方取得发球权的机会是相等的。那抛硬币出现正面和出现反面的可能性是一样大的吗？

近三百年来，有不少数学家为研究这个问题，曾耐心地做过成千上万次抛掷硬币的试验。例如，数学家皮尔逊就曾把硬币抛掷了 24000 次。我们通常把出现正面的次数 m：抛掷硬币的次数 n 简称为出现正面的频率。下表是一位科学家抛硬币试验的结果。

抛硬币试验的结果

抛掷硬币的次数 n	出现正面的次数 m	出现正面的频率 m/n
200	104	0.52
1000	506	0.506
2000	986	0.493
4000	2031	0.5008
5000	2516	0.5003

从这个试验结果可以看出，抛掷硬币的次数越多，正面出现的频率就越接近 1/2，并始终在 1/2 的附近摆动。把 1/2 这个数当作出现正面的可能性的大小，很明显，出现反面的可能性也是 1/2。即，出现正面和出现反面的可能性是相等的（这就是抛掷硬币这件事情的规律）。因此人们利用抛硬币来决定谁先发球是十分公平的。

数学家们做这样多的试验，并不仅仅是为了使人们在抽签时感到放心，更主要的意义在于，人们开始把利用数学探求自然界奥秘的工作，引向了一个千百年来被视为"风云莫测"的偶然世界。

当你仔细观察生活中的各种现象时，就会发现有好些事件在一定的条件下必定会发生。比如，早上太阳一定会从东方升起；在地球上，上抛的石头一定会往下落；三角形两边之和一定大于第三边，等等。这类事件我们把它称为必然事件。有的事件在一定的条件下不会发生。比如，太阳会从西边升起；在地球上，上抛的石头不下落；三角形两边的和不大于第三边……这类事件我们称它为不可能事件。这两类事件，在它们还没有发生的时候，我们就能够确定结果会怎样，就像我们知道在算术中 3 加 2 一定等于 5 一样。我们学过的算术、代数和几何等，所讨论的都是这两种确定的事件。

生活中还大量存在着另一类事件：在一定条件下，它们可能发生，也可能不发生。比如前面说的"抛掷一枚硬币出现正面"就是一个例子。在抛掷硬币前，谁也不能事先断定一定出现正面。又如春天地里播下了向日葵种子，在长出小苗前，你能知道有多少粒种子发芽吗？这类事件的结果是不可能在事前断定的，我们称之为随机事件（或偶然事件）。

我们在生活中经常会碰到偶然事件，甚至有些看来是确定性的事件，当你仔细研究时，也会发现它带有偶然性。比如，测量一个圆柱形工件的直径，粗略地测量，可能会觉得这会是一个准确的值。当仔细测量时，你才会明白这可不那么简单。由于仪器测量的误差、读数的偏差、温度变化的影响等各种各样的原因，都可能使你每次测量所得到的数值不同。也就是说，你测量的结果也是一个随机事件。正因如此，我国生产第一台万吨水压机时，为了得到准确的数值，测量者对主轴的直径就测量了 2000 多次！

　　由于认识到生活和生产中的偶然事件很多，人们改变了 2000 多年来在数学中只注重研究确定性事件的状态。从 16 世纪开始，人们才认真研究这些随机事件所包含的规律。抛掷硬币就是最早被人们研究的一个简单例子，这个例子表明随机事件是有规律的。现在，人们把研究随机事件的内部规律的数学分支叫作"概率论"。

知识加油站

统计概率

　　意义：一般地，在大量重复试验中，如果事件 A 发生的频率 $\frac{n}{m}$ 会稳定在某个常数 P 附近，那么这个常数 P 就叫作事件 A 的概率。

　　求法：一般地，如果在一次试验中，有 n 种可能的结果，并且它们发生的可能性都相等，事件 A 包含其中的 m 种结果，那么事件 A 发生的概率为 $P(A) = \frac{m}{n}$，取值范围：$0 \leqslant P(A) \leqslant 1$。

　　（1）当 A 是必然发生的事件时，$P(A) = 1$；

　　（2）当 A 是不可能发生的事件时，$P(A) = 0$。

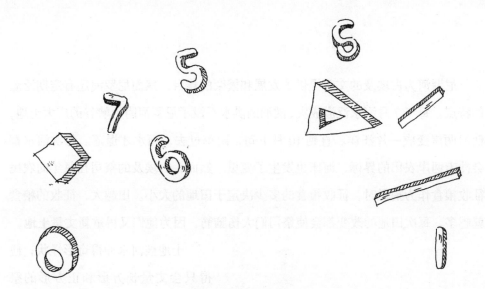

第3章

暗藏玄机的几何

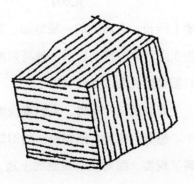

3.1 丈量土地产生的学问

尼罗河为古埃及的文明提供了发展和繁荣的舞台，然而尼罗河还有定期泛滥的特点。每年 7 月河水泛滥成灾，汹涌的洪水吞没了尼罗河附近峡谷的广大土地，使河两岸变成一片汪洋。直到 10 月下旬，雨季过去，河水才退落。每次河水都会冲走两岸农田的界标，河床也发生了变更。然而，古埃及的祭司在每年向农民征收粮食作为捐税时，征收粮食的多少决定于田地的大小。田越大，征收的粮食就越多。每次田地的改变都会使祭司们大伤脑筋，因为他们又得重新丈量土地。

尼罗河

土地被河水冲得奇形怪状，使得只会丈量长方形和正方形的祭司们束手无策。有一个聪明的祭司，他想起了先辈第一次发现面积算法时的情景。

寺庙里，人们正在用方砖铺地。铺七砖长、七砖宽的一块地面，要用七七四十九块方砖（7×7）；铺七砖长、九砖宽的一块地面，要用七九六十三块方砖（7×9）。有一个人从这些实际计算中得到启示，他高兴地说："你们看，要计算长方形或正方形的面积，只需要用长乘以宽就可以了。"

寺庙里一片欢腾，人们欢快地庆祝他们的伟大发现……

想着，想着，祭司眼前的幻影变成了现实的奇形怪状的土地，他从沉思中回到了现实。面对眼前难测的土地，他心里又盘算开了："这些田地很难划成方形测量，但是划成三角形却很容易。如果知道了求三角形面积的方法，就能测出任意直线边的农田面积了。"

想到这里，他有些高兴了。回到家里，他找来一些麻布片，将其剪成一些正方形和长方形，又把正方形和长方形剪成三角形。巧极了！一个正方形的麻布可以剪成两个相等的三角形，面积分别是这个正方形面积的一半。一个长方形的麻布片也可以剪成两个相等的三角形，面积分别是这个长方形面积的一半。由此，他得出了计算直角三角形面积的法则：直角三角形的面积等于长乘宽除以二。后来，在实际测量中，他又发现了求任意三角形面积的法则：任意三角形的面积等于底（相当于宽）乘高（相当于长）除以二。这为祭司们每年丈量土地提供了很大的方便。

河水年年泛滥，祭司们也不得不一次又一次、一年又一年地丈量这些土地。他们是世界上最早的职业测量员。

测量中不断地遇到新问题。用简单的求三角形面积的法则，并不能解决所有的问题。祭司们不可能把一个圆分成若干个小块，而块块都是标准的三角形。这就导致了求圆面积的问题。聪明的埃及人总会找到办法的。大约 3500 年以前，有一位叫阿赫美斯的文书写下了这么一条法则：圆的面积近似地等于边长为这个圆半径的正方形面积的 3 倍。

阿赫美斯还写了一本有名的《阿赫美斯手册》，这本书记载了关于矩形、三角形和梯形面积的测量法，有关金字塔的几何问题，用北极星来确定南北方向以及用三根各长三、四、五尺的绳子做一个直角三角形等问题。更重要的是，它记载了以两个正方形为底的棱台体积公式：$V = \frac{1}{3} h (a^2 + ab + b^2)$，其中，$a$，$b$ 分别是两个正方形的边长，h 是棱台的高。长期的测量工作，使得埃及人积累了大量的测量知识，这就是几何的雏形。

英文中的几何是 "geometry"，就含有 "测地术" 的意思。由此我们可以看到几何学与土地面积测量的渊源。

讲到这里，大家可千万不要误认为几何学就是地道的 "洋货" 了。要知道，中国是有数千年历史的文明古国。勤劳的先民在征服大自然的斗争中，同样逐步认识了大自然中的各种数学形体。例如，在安徽灵璧和浙江嘉兴发现的新石器时代的遗址上，考古学家就掘到了不少带有方格、米字、回字、椒眼和席纹等几何图案的碎陶片。比较迟一些的，有在河南安阳的殷墟中发掘出来的车轴，上面刻着五边形、六边形乃至九边形的装饰。而且，与古代埃及一样，我国人民也是在与洪水的斗争中学会了测量。《史记》中有这样的记载：远在 4000 年前，夏禹治水的时候已是"左准绳，右规矩"。也就是说，夏禹是左手拿着水准工具和绳尺，右手带着规（即圆规）和矩（即角尺一类画方的工具）去进行测量工作的。不言而喻，规和矩的使用，已标志着我国人民对"圆"和"方"这两种基本的几何图形有了比较深入的认识。公元前 5 世纪，我国古代著名的学者墨翟及其弟子又把这些直观的几何知识进一步提高，并在《墨子》一书中对"圆"和"方"等概念做了理论上的介绍。在当时的世界上，这是相当严谨的了。

知识加油站

直线与圆的位置关系

1.直线与圆的位置关系的定义及有关概念：

（1）直线和圆有两个公共点时，叫作直线与圆相交，公共点叫作交点。

（2）直线和圆有唯一公共点时，叫作直线与圆相切，这时直线叫作圆的切线，公共点叫作切点。

（3）直线和圆没有公共点时，叫作直线与圆相离。

2.直线与圆的位置关系的性质和判定：

如果 ⊙O 的半径为 r，圆心 O 到直线 l 的距离为 d，那么

（1）直线 l 与 ⊙O 相交 ⇔（$d<r$）[如图（1）]；

（2）直线 l 与 ⊙O 相切 ⇔（$d=r$）[如图（2）]；

（3）直线 l 与 ⊙O 相离 ⇔（$d>r$）[如图（3）]。

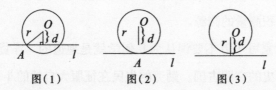

图（1）　　　　图（2）　　　　图（3）

3.2　划时代的几何学著作

公元前 600 年至公元前 300 年，是希腊数学史上的一个重要时期。在这 300 年里，数学摆脱了狭隘经验的束缚，迈入了初等数学时期。古希腊人强调抽象，他们将公理法和演绎推理方式引入数学领域，揭示了数学学科两个最重要的本质特征，对人类科学文化的发展，特别是对西方数学的发展影响极其深远。为了与以后的希腊文明相区别，人们把这段时间称作希腊古典数学时期。

数学家欧几里得

古典时期的希腊数学家们发掘了异常众多的数学材料，摘取了光彩炫目的数学成果。但是，数学不能只是材料的堆砌、成果的罗列。于是，整理总结先辈们开创的数学研究，就成了后代希腊数学家义不容辞的职责。这方面，欧几里得的工作最为出色。

欧几里得是一位博学的数学家，他尤其擅长对几何定理的证明；他也是一位温良敦厚的教育家，颇受学生的敬重。据说，就连当时的国王托勒密也曾向他请教过几何问题！

作为一位数学家，欧几里得的名望不在于他的数学创造，而在于他编写了一部划时代的数学著作《几何原本》。这本书系统地整理了前人的数学研究，对古典时期的希腊数学做了一个精彩的总结。

在《几何原本》里，欧几里得独创了一种陈述方式。他首先明确地提出所有的定义，精心选择了五个公理和五个公设作为全部数学推理的基础；然后他有条不紊地、由简到繁地证明了 467 个最重要的定理。由几个公理和公设竟能证明出这么多的定理来，而且，这些公理和公设，少一个则基础不巩固，多一个却又累赘，其中自有很深的奥妙。欧几里得独创的陈述方式，一直为后代数学家所沿用。

论证之精彩，逻辑之严密，是《几何原本》的又一大特色。书中的定理虽然大多数已由前人证明过，但前人的证明往往比较粗糙，经欧几里得之手后，许多证明才变得无懈可击。比如对"质数的个数有无穷多"这个定理，欧几里得的证明就相当简洁漂亮。他首先假设质数的个数只有有限个，并且最大的一个是 N。把这些质数都乘起来再加 1，就会得到一个新的数：$1 \times 2 \times 3 \times 5 \times \cdots \times N + 1$。欧几里得开始论证：如果新的数是一个质数，由于它比 N 还大，一定不会是原有质数中的某一个；如果新的数不是一个质数，那么它一定能被原有的质数所整除，而这显然是不可能的。这两种情况都与原先的假设相矛盾，说明新的数一定是一个质数，从而也就证明了质数的个数有无穷多。

《几何原本》共 13 卷，书中介绍了直线和圆的基本性质、比例论、数论和立体几何等方面的知识。它是古代西方第一部完整的数学专著，长期被奉为科学著作的典范，并统御几何学达 2000 年之久。据说，在中国的活字印刷术传到欧洲以后，《几何原本》已被用各种文字出版了一千多次，它对西方数学的影响超过了任何书。后来，西方人干脆把《几何原本》中阐述的几何知识称作欧几里得几何学。

虽然《几何原本》作为科学著作典范传诵至今，但它也有不完善的地方。如其基础部分不够严密，有些证明有遗漏和讹误，不少地方以特例来证明一般；在某种程度上是前人著作的堆砌，全书未一气呵成等。

知识加油站

切线的判定和性质

（1）切线的判定：

定理：经过半径的外端并且垂直于这条半径的直线是圆的切线。

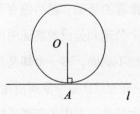

说明：

① 如左图，定理的题设是一条直线 l 满足两个条件：a. 经过半径 OA 的外端点 A；b. 垂直这条半径 OA。结论是：这条直线 l 是圆的切线，即直线 $l \perp OA$ 于 A，则 l 为 $\odot O$ 切线。

　　② 定理题设中的两个条件"经过半径外端"和"垂直于这条半径"缺一不可，否则就不一定是圆的切线。

　　切线的另两个判定方法：

　　① 定义：与圆只有一个公共点的直线是圆的切线。

　　② 数量关系：和圆心距离等于半径的直线是圆的切线。

　　（2）切线的性质：圆的切线垂直于经过切点的半径。

　　注意：与三角形各边都相切的圆叫作三角形的内切圆，内切圆的圆心叫作三角形的内心，这个三角形叫作圆的外切三角形。

3.3 长达两千多年的悬案

厚厚的牢墙、坚固的牢门，阴森恐怖的监狱里囚禁着无辜的学者阿那克萨哥拉。他犯了什么罪？说起来十分荒唐，仅仅是因为他断言太阳并不是非凡的神灵阿波罗（希腊神话中的太阳神），而是一个硕大无比的火球。

监狱禁锢了阿那克萨哥拉的身体，却禁锢不了他的思想。透过窄小的窗口，阿那克萨哥拉看到起伏的丘峦、广阔的原野依旧呈现出不可名状的几何结构美。于是，他暂时忘却了心中的忧伤，拾起一根小木条，在地上比画起来……

据说，阿那克萨哥拉在监狱中思考过这样一个问题：怎样做一个正方形，才能使它的面积恰好等于某个已知圆的面积呢？然而，他没能解决这个问题，古希腊的数学家们也没能解决这个问题。在漫长的岁月里，一代又一代的学者为此倾注了无数的聪明才智，但问题依然如故。

古希腊哲学家、科学家
阿那克萨哥拉

这个问题叫作化圆为方问题，是古希腊几何学里的一个著名难题。类似的难题还有两个：

立方倍积问题——做一立方体，使它的体积等于已知立方体的两倍；

三等分角问题——把一个任意角分成三等份。

三大几何难题的起因有许多传说。比如立方倍积问题，就有这样一个传说：古希腊有个地方叫第罗斯，有一年，突然瘟疫流行，人们流离失所，死亡枕藉。幸存的人们日夜匍匐在祭坛前，哀求神灵宽恕。许多天过去了，巫师终于传达了神灵的旨意，原来，这是神灵在惩罚不敬重数学的第罗斯人。要想结束这场深重的灾难，第罗斯人必须把现有祭坛的体积加大一倍，但不许改变立方体的形状。

传说终归是传说，其中常常掺杂着杜撰的情节、虚构的神灵。三大几何难题的起因，应当产生于人们对几何问题的研究中。希腊人掌握了二等分一个任意角的方法后，很自然地会去想怎样三等分一个任意角。立方倍积问题也是这样，希腊人知道，以正方形的对角线为一条边，可以做一个新的正方形，而新正方形的面积恰好是原正方形面积的两倍，他们进而联想到把立方体加倍，也就是顺理成章的事情了。

　　当然，如果三大几何难题仅仅像前面那样表述，是不难予以解决的。比如三等分角问题，用量角器一量，不就轻而易举地解决了吗？三大几何难题之所以难，在于古希腊人对做图工具做了限制，即做图时只准许使用直尺和圆规。

　　其实，如果仅仅这样限制，难题仍然不难。古希腊数学家阿基米德就曾经只用直尺和圆规，解决了三等分角问题。假若所要三等分的角是∠ACB，阿基米德的方法是这样的：

　　在直尺上取一点，记作点 P，令直尺的一端为 O；以 C 为圆心，OP 为半径做半圆，分别交∠ACB 的两边 AC、BC 于 A、B 两点；移动直尺，使直尺上的 O 点在 AC 的延长线上移动，P 点在圆周上移动，当直尺正好通过 B 点时，连 OPB，则∠COP=$\frac{1}{3}$∠ACB。

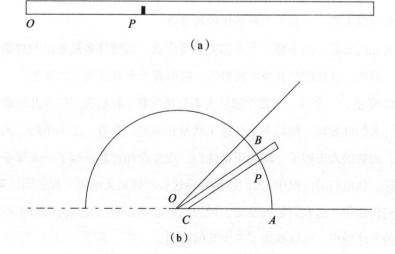

（a）

（b）

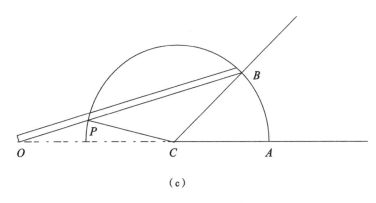

（c）

尺规解决三等分角问题

但是，人们不承认阿基米德解决了角的三等分问题，因为阿基米德做图时，在直尺上记了一点 P，实际上使直尺具有了刻度的功能，也就违反了古希腊人对做图工具的另一个限制：直尺不能有任何刻度，而且直尺和圆规都只准许使用有限次。

在上述两项规定限制下的几何做图问题，叫尺规做图问题。尺规做图是古希腊几何学的金科玉律，鲜明地体现了古希腊几何学的特点。数学家们要求从最少的基本命题，推导出尽可能多的数学结论。为了与这种精神相吻合，古希腊人对做图工具也提出了"少到不能再少"的要求。他们异常强调严密的逻辑结构，这种严谨的治学态度，一直影响着后代的数学家。

三大几何难题，几乎每一个人都能弄懂题意，却使许多最杰出的数学家也束手无策。因此，这些题具有极大的魅力，吸引着千千万万的人去解答。

2000 年里，一个又一个数学家欣喜若狂地宣称：我解决了三大几何难题！可是不久，人们就发现，他们不是在这里就是在那里，有着一点小小的、无法改正的问题。无数的人失败了，然而正是他们，用生命和智慧搭起了一架攀登数学高峰的阶梯。从他们的失败中，人们逐渐怀疑这些问题是无法用尺规做图法解决的，于是人们转而研究这些问题的反面。因为只要能够证明这些几何图形不能够用尺规做图的方法做出，也就解决了三大几何难题。

人类的智慧终于获得了胜利。1837 年，旺策尔首先证明了三等分角和立方倍积问题是不能用尺规做图解决的。接着，1882 年，数学家林德曼证明了 π 是一个超越数，从而证明了化圆为方问题也是不能用尺规做图解决的。最后，1895年，德国数学家克莱因在总结前人研究的基础上，给出了这三个几何做图题不能用尺规做出的简单而清晰的证明，才彻底了结了这桩长达两千多年的悬案。

知识加油站

中心对称的性质：

（1）关于中心对称的两个图形是全等形。

（2）关于中心对称的两个图形，对称点连线都经过对称中心，并且被对称中心平分。

（3）关于中心对称的两个图形，对应线段平行（或者在同一直线上）且相等。

3.4 多姿多彩的三角形

1973 年，举世闻名的博斯普鲁大桥正式建成。大桥长 1560 米，宽 33 米，可以并排行驶六辆汽车。整座大桥没有桥墩，全靠两根钢索。这么大的桥是怎么靠两根钢索承受巨大的压力呢？这全是三角形的功劳。因为三角形是最稳固的形状，而广泛应用在建筑中：屋顶、金字塔……

三角形的房顶

为了说明三角形的这个特性，我们可以动手做两个模型。找三根木棍做成一个三角形，再找四根木棍做成一个四边形。注意两木棍相接处不要钉死，使它们可以活动。

做好两个模型，你分别用手指推它们一下，你会发现，三角形纹丝不动，而四边形却歪到一边去了。这就说明三角形的结构稳定、牢固，数学上把它叫作"三角形的稳定性"。由此可以知道，三条腿的凳子比四条腿的凳子更牢固。这也使我们明白了，为什么有的窗户或门走了形，木匠师傅维修的时候会给它斜钉上一根木条。这样做就是为了把四边形改造成更稳定的三角形。

从一个三角形看，它只有六个元素——三条边和三个角。但是，也不是任意的三条线段和三个角就能拼凑出一个三角形来。如同画一个人，假若我们不从整体出发，而是分别画出人体的四肢、五官，结果各个部位的比例失调，最后综合在一起必定不像人。

三角形的"结构"虽然简单，但它也是一个完美的整体。它的角与角、边与边、边与角之间都存在一定的关系。我们通过画三角形可能已经有所体会，但要进一步认识这一点，还必须系统地研究三角形的边角关系。课本上这些关系是分散出现的，集中起来就是以下几点。

（1）三角形三个内角的和等于180°。

（2）三角形两边的和大于第三边，两边的差小于第三边。

（3）如果三角形的两条边相等，那么它们与底边所夹的角也相等；如果两条边不等，那么它们与底边所夹的角也不等。反过来，如果两个角相等，那么它们所对应的边也相等；如果两个角不等，那么它们所对应的边也不等。

可以看出，其中除了少数是精确的"定量"关系以外，其他都只是"定性"关系，也就是只解决了"大于"或"小于"的问题，而没有解决"大多少"或"小多少"的问题。如果要彻底解决这个问题，还得用代数中的"三角函数"做工具。至于在几何中，仅仅在特殊情形，如对含30°角的直角三角形有确切的结论：30°角所对的边等于斜边的一半。由此可知，在几何中，对三角形边角关系的研究，重点在不等关系。

这里需要指出，上述的不等关系，除了（2）中的不等关系可以直接根据"在所有连接两点的线中，线段最短"这个基本性质导出以外，（3）中的不等关系则是以（1）的推论"三角形的一个外角大于任何一个和它不相邻的内角"为基础来导出的，至于（1）则又是以平行线的性质为基础来导出的。非常有趣的是，"三角形的一个外角大于任一个和它不相邻的内角"也可以不依赖于（1）来导出，相反，它还可以作为导出平行线的判定方法的基础。

古希腊哲学家柏拉图

古希腊哲学家柏拉图曾经说过："三角形是所有图形的基本。"这是因为，三角形是分析四边形、五边形等其他图形的工具。不论是什么样的三角形，其内角之和一定是180°。利用这个几何定理，我们可以计算多边形的内角和。例如，四边形可以分解成2个三角形，所以四边形的内角之和为180°×2=360°；五边形可以分解成3个三角形，所以五边形的内角之和为

$180° \times 3 = 540°$。

知道了三角形的三条边，三角形的大小和形状就完全确定了。不信，你用三根木棍，头接头地接在一起，组成一个三角形。不管你用什么方式去接，接出来的三角形的大小和形状总是一模一样的。知道了三角形的三个角，三角形的形状虽然不变，但是大小却不一样。前者两个三角形的形状和大小都相同，我们把这两个三角形叫"全等三角形"；后者两个三角形只形状相同但大小不一样，我们把这两个三角形叫"相似三角形"。

在这里，我们谈一下对三角形全等的判定。首先，我们要懂得两个图形全等的意思。所谓两个图形全等，就是指它们的形状和大小完全相同。在全等符号"≌"中，"∽"表示形状相同，"="表示大小相等，这个符号的两层含义本身就表明了二者是缺一不可的。

怎样知道两个三角形是否全等呢？实践检验的方法就是看它们能否重合。如果能重合，就意味着它们全等。此时，能互相重合的部分叫作对应部分。

由上面的分析我们不难得知，如果两个三角形全等，那么它们的对应边、对应角都分别相等。当然，反过来也对，只是由于三角形的 6 个元素（3 条边和 3个角）相互存在着制约关系，因而判别两个三角形全等并不需要分别检验它们都对应相等。课本上对于三角形全等的判定提出了三个"公理"：边角边（SAS）公理，角边角（ASA）公理，边边边（SSS）公理。

知识加油站

古老的三角形面积公式

已知一个三角形的三边长，怎么计算三角形的面积？这是我们在几何中经常碰到的问题。1 世纪左右，古希腊有一位著名数学家海伦，他写了一本《测量仪论》，上面记载着一个重要公式：$\triangle = \sqrt{s(s-a)(s-b)(s-c)}$。这里，"$\triangle$"为三角形的面积，$a$、$b$、$c$ 是三角形各边长，$s = \dfrac{1}{2}(a+b+c)$。海伦对这个公式做出了证明，所以后人称这个公式为海伦公式。在我国南宋时期（约 13

世纪初至 13 世纪中叶),秦九韶也发现了类似的求三角形面积的方法。他把一个三角形的三条边分别称为大斜、中斜、小斜,在其所著的《数书九章》(1247年)这部书中说:"以小斜幂,并大斜幂,减中斜幂,余半之,自乘于上;以小斜幂乘大斜幂,减上,余四约之,为实;一为从隅,开平方得积。"这段话写成公式为 $s=\sqrt{\dfrac{1}{4}\left[c^2a^2-\left(\dfrac{c^2+a^2-b^2}{2}\right)^2\right]}$。$a$(大斜)、$b$(中斜)、$c$(小斜)分别为 △$ABC$ 的三边的长,s 为三角形的面积。这个公式,秦九韶称它为"三斜求面积的方法"。

3.5　勾股定理的故事

公元前500多年，在希腊萨摩斯岛一个贵族的豪华客厅里，灯红酒绿，高朋满座，正在举行一个盛大宴会。

宴会后，客人们时而滔滔不绝地高谈阔论，谈政治、议新闻、评学术，各抒己见；时而又为一个新奇的问题辩论不休。总之，他们尽量显示着各自的才华。只有屋角坐着一个年轻人，今天却破例一言未发，低头望着地面上铺的花砖出神。他就是年轻的希腊数学家毕达哥拉斯。

早在毕达哥拉斯以前，人们就已经知道边长为3、4、5的三角形是直角三角形，边长为5、12、13的三角形也是直角三角形。但是，这两组值有什么共同的特点，在当时还没有被人们认识。

这位乐于辩论、喜欢沉思、善于观察的毕达哥拉斯被地面上奇妙的花纹吸引住了。看，一个个相同的直角三角形花砖，有黑的，也有白的，交替着排列成美丽的方格地面。在这美丽的花格中，似乎有一种模糊不清的规律在他的面前时隐时现。"是的，一定有一种奇妙的东西藏在这花格子里面！"毕达哥拉斯暗想。想着，看着，看着，想着！忽然，他竟弯下腰去，用手指头在花砖上画起图形来。

"对，就以这个白三角形为例吧！"毕达哥拉斯一边画，一边想，"若两直角边为 a、b，斜边为 c，那么，以 a 为边的正方形，面积恰好等于两个黑三角形面积之和；以 b 为边的正方形面积也等于两个黑三角形面积之和；而以 c 为边的正方形，面积却等于两个白色角形和两个黑色三角形面积之和。"

方格地面

"哦，真巧！大正方形面积等于两个小正方形面积之和！"想着，想着，毕达哥拉斯情不自禁地叫喊起来。

"那么，进一步就可以推出：$a^2+b^2=c^2$，也就是两直角边的平方和等于斜边的平方。"毕达哥拉斯穷追不放，进一步想到："古人曾有过边长为 3、4、5 和 5、12、13 的三角形为直角三角形的记载，那么，它们是否也合乎这个规律呢？"

于是，他赶紧在地上画了起来。不错，正好是这样的：$3^2+4^2=5^2$，$5^2+12^2=13^2$。

毕达哥拉斯并没有满足，进而，又给自己提出两个新问题：①这个法则是不是永远正确？②各边都合乎这个规律的三角形是不是一定是直角三角形？

看来，今天是难以回答这些问题了。他抬起头来，看看客厅，客人不知什么时候都已离开了，只有主人站在那儿不解地看着他。

回到家里，毕达哥拉斯又搜集了许许多多的例子，肯定地说明了这两个问题。但是，他仍然不满足，决心用更大的精力和更有说服力的证明，来说明这一结论是永远正确的。他终于证明成功了。这就是数学史上有名的毕达哥拉斯定理。

证明成功的当天，毕达哥拉斯叫学生们宰杀了一百头牛举行盛大宴会，来庆贺胜利。所以，毕达哥拉斯定理又有"百牛大祭"的美称。

其实，我国是最早发现勾股定理的国家之一。

我国周朝的时候，有位大臣叫周公，他是一位很有才能的政治家，同时还很喜欢数学。他听说有位隐士叫商高，对数学挺有研究，便很想见见他。

一天，周公派人把商高请来，两人一起讨论起数学问题。

周公很谦虚地对商高说："数学是一门了不起的学问，它的用途太广泛了，各行各业都离不了它。今天请您来，就是向您请教数学知识的。"

商高笑了笑说："不敢当，我懂得的很少。不知道您要研究哪个问题？"

周公说："现在不少地方都在筑城墙、修宫殿，请您先讲一讲，怎样测量高度和距离吧。"

商高便告诉周公利用直角三角形测量高度和距离的方法。

商高接着又说："直角三角形中，较短的直角边叫勾，较长的直角边叫股，斜边叫弦。勾、股、弦之间有一个关系，如果勾长为 3 尺，股长为 4 尺，那么弦长一定是 5 尺。"

周公问道："要是勾长为 3 丈，股长为 4 丈，那么弦长一定是 5 丈了，对吧？"

"对的。"商高点了点头，说，"不管以什么作单位，勾为3，股为4，弦必是5。"

周公十分赞许地说："噢，我明白了。谢谢您的指教。"

商高对周公说的这一段话，记载在我国最早的天文学和数学著作《周髀算经》里。后来，人们把它简化为"勾3、股4、弦5"。

勾、股、弦之间，恰好有如下的关系：

$$勾^2 + 股^2 = 弦^2$$

用代数式表示，就是：

$$a^2 + b^2 = c^2$$

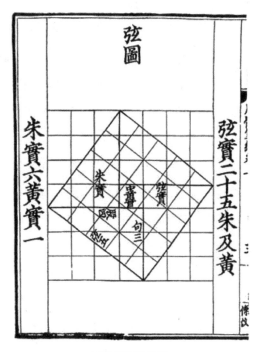

《周髀算经》书影

从这里我们可以看到，勾股定理在我国早就有了。遗憾的是，《周髀算经》没有记载严格的证明。

但是，商高也并不是最早发现"勾3、股4、弦5"的人，根据《周髀算经》的记载，早在大禹治水的时候，它就被发现了，并且得到了应用。大禹治水是在公元前2000年左右，比商高又早了将近1000年，比毕达哥拉斯早了1400多年。

在那个时候，我国黄河流域发生了特大洪水，田地被淹没了，房屋被冲倒，老百姓四处逃难。舜帝派大禹去治水。大禹仔细考察了洪水的来龙去脉，又接受了前人的经验教训，认识到必须疏通河道，把洪水引导到东海。河水当然是顺着山川往下流，为了开凿河道，就得测量地形的高低。在利用直角三角形测量地形高度的过程中，人们对直角三角形边长的关系逐步有所了解。后来，"勾3、股4、弦5"便被发现了。

这样看来，勾股定理最早还是大禹治水的产物呢。

知识加油站

直角三角形的边角关系

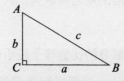

（1）三边关系：$a^2+b^2=c^2$

（2）锐角关系：$\angle A + \angle B = 90°$

（3）边角之间的关系：$\sin A = \cos B = \dfrac{a}{c}$ $\cos A = \sin B = \dfrac{b}{c}$ $\tan A = \cot B = \dfrac{a}{b}$

$\cot A = \tan B = \dfrac{b}{a}$

3.6　美妙的黄金分割

2019 年全国高考卷上有一道题，难住了众多考生，这道题就是断臂维纳斯有多高。其中，一个重要知识点就是黄金分割。断臂维纳斯之所以美，人们认为有个重要原因是：维纳斯同时满足两个黄金分割。

黄金分割是指将整体一分为二，较大部分与整体部分的比值等于较小部分与较大部分的比值，其比值约为 0.618。这个比例被公认为最能引起美感的比例。如果大家仔细观察我们周围的生活，就会发现很多由于黄金分割而带来美的例子。

舞台上，风度潇洒的报幕员报幕时，一般并不站在舞台的正中央，那样感觉太庄重、太严肃，有经验的报幕员往往站在近于舞台的"黄金分割点"处，在随意中透着一种和谐的美。而且此时，声音的传播效果也最好，同学们可以自己试试。

在古代，人们就已注意到矩形两边之比符合黄金分割比 0.618 时，是最优美的（人们还称这种矩形为金矩形）。德国的心理学家弗希纳曾经在一百多年前，举行了一次别开生面的矩形展览会。会上展览了各种他精心制作的矩形，并邀请了 592 位朋友参观，要求来宾们参观完后投票，选出一个自己认为最优美的矩形。结果，被选中的 4 个矩形长宽比分别为 5：8，8：13，13：21，21：34。同学们应该能看出来，这 4 个矩形的边长之比都相当接近于 0.618，也难怪金矩形长期受到艺术家、建筑师和科学家们的钟爱。

事实上，古代的建筑大师和雕塑家们早就巧妙地利用黄金分割比创造出了雄伟的建筑杰作和令人惊叹的艺术珍品：世界七大奇迹之一的胡夫金字塔的高度与底部边长之比约为 0.618；庄严肃穆的雅典帕特农神殿的正面高度与宽度之比约为 0.618；风姿绰约的爱神维纳斯和健美潇洒的太阳神阿波罗的塑像，其下身与身高之比也都接近 0.618。也许古代的建筑师们只是无心地利用了黄金分割，但是黄金分割给我们带来的美的享受却是不容怀疑的。随着时间的推移、历史的进步，黄金分割与黄金比正逐步显示出其绚丽多彩的美学价值。建筑、雕塑、音乐、绘画、舞台艺术、工艺装饰、家具摆设、服装款式等，只要是与人的形象审美有关的领域，无一不渗透着黄金分割与黄金比的踪迹。

下面介绍数学中有关黄金分割的知识。

黄金分割实际上就是把一条长为 L 的线段分为两段，一段长为 L_1，一段长为 L_2，其中不妨认为 $L_1 > L_2$，并且 L_1 是 L 和 L_2 的比例中项（也就是 $L : L_1 = L_1 : L_2$）。

很容易就能得到 L 与 L_1 的比为

$$\frac{L}{L_1} = \frac{\sqrt{5}+1}{2} \approx 1.618$$

L_1 与 L 的比为

$$\frac{L_1}{L} = \frac{\sqrt{5}-1}{2} \approx 0.618$$

为了方便，人们把这两个比值统称为黄金比（又称中外比或黄金数）。

那怎样才能用直尺和圆规得到黄金分割呢？古希腊的大学者欧多克斯早就给出了黄金分割的尺规做图法，按下面的步骤做就可以了。

（1）过一直线段 AB 的端点 B，作 $BC \perp AB$，而且使得 $BC = \frac{1}{2} AB$。

（2）连接 AC，以 C 为圆心，CB 为半径作圆弧交 AC 于 D。

（3）以 A 为圆心，AD 为半径作圆弧交 AB 于 E，则 E 即为线段 AB 的黄金分割点（$\frac{AE}{AB}$ 是黄金比）。

这样，就做出了线段 AB 的一个黄金分割点。至于 E 为什么是黄金分割点，这个问题很简单，有兴趣的同学可以自己试着去证明。

那么黄金分割是怎么得到的呢？它的发展过程又是怎样的呢？

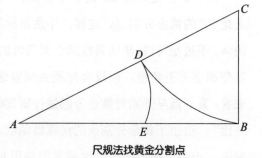

尺规法找黄金分割点

最早接触黄金分割的是古希腊的毕达哥拉斯学派。这个学派是古希腊数学家与哲学家毕达哥拉斯所创建的一个秘密学术团体，为了保证学派不被外人混入，他们决定以一个比较难画的几何图形作为该学会的会章。在淘汰了很多图形之后，他们最后决定采用正五角星来作为他们的会章。而画正五角星与黄金分割又有什么关系呢？我们一起来看下面的推理就明白了。

画正五角星先要画正五边形，然后把正五边形的各对角线连接起来就成了一个正五角星。$ABCDE$ 是一个正五边形，则有

$$\triangle ABE \backsim \triangle PAE$$

于是
$$\frac{BE}{EA} = \frac{EA}{PE}$$

又
$$EA = AB = BP$$

故
$$\frac{BE}{BP} = \frac{BP}{PE}$$

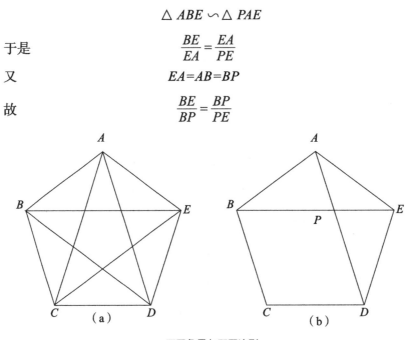

正五角星与正五边形

由于 P 点是线段 BE 的一个分点，又存在上式的比例关系，所以 P 点实际上是 BE 的黄金分割点。这样，毕达哥拉斯学派就成了最早接触黄金分割的学术团体。不过很可惜，毕达哥拉斯学派当时的兴趣中心是如何在线段上做出这个点，以便画出正五角星，而没有想到去探索这个点更深层的一些性质。从数学史上来看，真正最早开始对黄金分割进行研究的是欧多克斯。他给黄金比取名为"中外比"，给出了黄金分割点的尺规做图法，并创设了比例论，其中包括黄金分割理论。但是，他所研究的这些东西在很长一段时间内没有得到应有的重视。直到 15～16 世纪，欧洲进入了文艺复兴时期，由于绘画、艺术的发展才又促进了对黄金分割的研究。19 世纪以后，随着黄金分割的美学价值日益凸显，特别是数学上优选法的出现，人们对黄金分割意义的认识才日益加深，对黄金分割的

研究也越来越深刻。

现在想想，黄金分割被冠以"黄金"两字，也正是说明了它的重要性和应用上的广泛性。而无数的事实也证明了黄金分割这个宇宙中美的使者已经印证了大数学家毕达哥拉斯的名言："凡是美的东西都具有一个共同特征，这就是部分与部分之间，以及部分与整体之间固有的协调一致。"我们有理由相信，在科学日益进步的将来，黄金分割将会发出更加绚丽夺目的光彩，吸引着更多的有志之士去追逐它，更深刻地研究它，从而挖掘出它更多不为人知的闪光点。

知识加油站

三角形的中位线

（1）三角形的中位线的概念

连接三角形两边中点的线段叫作三角形的中位线。

注意：

① 三角形共有三条中位线，并且它们又重新构成一个新的三角形。

② 要会区别三角形的中线与中位线。

（2）三角形中位线定理

三角形中位线定理：三角形的中位线平行于第三边，并且等于第三边的一半。

任一个三角形都有三条中位线，由此有：

结论 1：三条中位线组成一个三角形，其周长为原三角形周长的一半。

结论 2：三条中位线将原三角形分割成四个全等的三角形。

结论 3：三角形一条中线和与它相交的中位线互相平分（不可直接应用）。

3.7 圆的独特性质

圆是最常见的曲线，自然界充满了圆：车轮、杯口、盘子、人的眼睛、很多动物的身体，以及许许多多植物的根、茎、叶、花、果实……然而，人类在自己发展的漫长岁月中，画出圆来制造圆形的东西，还只是很短的一瞬。今天，要是没有了圆形的东西，人类的生产和生活简直不堪设想。为什么人类发展重用圆？为什么我们今天的生产和生活离不开圆？原因很多。

圆是最简单、最容易画的图形，圆形的东西也容易制作。我们的祖先，很早就会画圆和制作圆形的东西。从地下发掘出来的公元前一两千年的陶器，大多数是圆形的，有的上面还画有圆形的图案。你也许会问，那时候的人有圆规吗？其实，找一根树杈或者一根藤条，就可以画圆。这就是最早的圆规。

圈有一个独特的性质，这就是圆周上的每一点，到圆心的距离都相等。自古以来，人们把车轮做成圆形的，就是利用圆的这个性质。最早的木制自行车的车身是固定在车轴上的，车轴是车轮的圆心。这样，车轮不停地转动，车身保持在一定的水平位置上，车辆行驶起来就又快又平稳了。

把各种各样的盖子做成圆的，也是利用圆的这个性质。如果我们把饼干桶的盖子做成正方形的，假设它的边长等于 1，由勾股定理可以算出来，它的对角线是 $\sqrt{2}$。$\sqrt{2}$ 大于 1，盖子很容易掉进桶里去。圆形的盖子就没有这个毛病。

中国古代的车轮

圆形的容器用材料最省，也就是说，用同样多的材料，以做成圆形的容器能装的东西最多。

圆还有一个相当重要又极其有用的性质，即它的极值性。为了说明这一点，让我们做一个实验。

用铁丝弯一个方框，浸入肥皂水中取出，铁丝框上会蒙上一层薄薄的肥皂膜。

再找一根首尾相接的细丝线，轻轻地摆在肥皂膜上，然后用针小心地刺破丝线所围的肥皂膜。这时，奇迹出现了：膜上的这根具有任意形状的封闭曲线像着了魔似的突然迅速扩展开来，顷刻变成一个相当标准的圆。这个实验，你可以重复做千次万遍，但每回都以同样的结果而告终。这是什么缘故呢？

原来，肥皂膜的表面上有一种表面张力，它总是把自己的面积收缩到最小。由于铁丝框的总面积是一定的，这样收缩的结果，丝线圈以外到铁丝框之间的面积将达到最小，从而丝线圈所围成的圆形面积则达到最大。这就是说，周长一定的丝线所围成的任意封闭曲线中，以圆形面积为最大。

于是，善于发现和总结规律的数学家归纳了圆的这种性质：在周长一定的任意平面图形中，以圆的面积为最大。这句话反过来讲就是，面积一定的所有平面几何图形中，以圆的周长为最短。

其实，古人很早就知道利用这个性质。

相传海枣王是古时候非洲北部卡尔法塔地区的首领，由于他领导有方，因此，他部落的人们一直过着幸福安宁的生活。

可是，有一段时间，邻近的一个部落经常来骚扰海枣王部落。海枣王非常恼火，带兵自卫还击。双方交战，势均力敌，谁也胜不了谁，不得不在边界上谈判。

谈判桌的两边，一边坐着海枣王和他聪明美丽的妻子纪塔娜，另一边坐着敌酋长和他带领的一些身强力壮的勇士。谈判开始，海枣王指出，由于对方挑起武装冲突使卡尔法塔地区的人们遭受了极大的损失，要求敌部落割地赔款。蛮横的敌酋长一听要割地赔款，暴跳如雷，随手掷过去一张灰狼皮："要我割地赔款，可以！请你用这张灰狼皮去包围一块土地吧，能包围多少，我就割多少给你！否则，继续开战！"

海枣王被激怒了，手中握住挂在身上的宝剑，刷地站了起来。但他的妻子纪塔娜却很高兴，她示意海枣王坐下，自己缓缓站起来，郑重地对敌酋长说："尊敬的酋长，我佩服你的豪爽。一言既出，你不会反悔吧！"

敌酋长说："一言既出，驷马难追，哪有反悔之理！"

只见纪塔娜不慌不忙将狼皮剪成一条条很细很细的条子，然后接成一根长

314 米的狼皮绳。敌酋长看到这细长的绳子，心里有些慌了。

纪塔娜开始围地了！敌酋长一看，更是大吃一惊。

你可能在想，纪塔娜肯定会围成圆形，因为在周长相等的情况下，圆的面积最大！

纪塔娜围的并不是圆形。她巧妙地用海岸线作圆的直径，用 314 米长的绳子在海岸上围了个半圆形。这个半圆的半径为 $\frac{314 \times 2}{2 \times 3.14}$ =100（米），围成的土地面积为 $\frac{3.14 \times 100^2}{2}$ =15700（平方米）。

如果纪塔娜用这根 314 米的狼皮绳围成一个圆形，围成的面积只能是

$$3.14 \times \left(\frac{314}{2 \times 3.14}\right)^2 = 3.14 \times 2500 = 7850（平方米）。$$

聪明的纪塔娜确确实实很有数学头脑，她不但利用了这根狼皮绳，而且还利用了海岸线作半圆的直径，真是厉害！这么一围，就从敌酋长手中得到了 15700 平方米的土地。敌酋长做梦也没有想到，随手一掷的一张灰狼皮，竟使自己失去大片的土地！但他再痛心也无济于事了。

知识加油站

与圆有关的定理

（1）平分弦（不是直径）的直径垂直于弦，并且平分弦所对的两条弧。

（2）在同圆或等圆中，相等的圆心角所对的弧相等，所对的弦也相等。

（3）在同圆或等圆中，同弧等弧所对的圆周角相等，都等于这条弧所对的圆心角的一半。

（4）半圆（或直径）所对的圆周角是直角，90°的圆周角所对的弦是直径。

（5）圆内接四边形对角互补。

3.8　前赴后继探求 π 值

圆，一个又一个的圆！那天空中升落不息的太阳和月亮，那老树一圈圈的年轮，那凝聚在草叶上晶莹的露珠，还有自然界许多别的东西，不都呈现出圆形吗？

当司空见惯的圆展现在你的眼前时，也许你并不觉得它有什么奇特的地方。可是，在几千万年以前，我们的祖先，谁也不知道它是怎样形成的，甚至不知道怎样去画一个圆，更不用说去计算圆的面积了！

首先冲破计算圆面积这个禁区的是中国。1 世纪以前我国最早的数学名著《周髀算经》中，就有"周三径一"的记载。这就是说，圆的周长与直径的比为 3∶1。后来把这个比值叫圆周率，用 π 表示。在这个时期，π 等于 3，我们称之为"古率"。

后来，通过长期实践，人们发现用"古率"入算，无论是求周长或求面积，数值都有点偏小，说明 π 应该比 3 大些。但究竟大多少呢？实用上的迫切需要推动了后人对 π 值的进一步探索。

到了西汉末年，刘歆做铜斛，由计算容量推得 π 为 3.1547，后人称之为"歆率"。虽然数值仍不精确，但他首先开了不用"古率"的先声，为后世寻求新率奠定了基石。

到了东汉时期，探求圆周率的接力棒传到著名的数学家、天文学家张衡手中。

张衡的青少年时代，生活比较清贫。贫困的生活激发他刻苦学习。他在十多岁的时候，就读了很多书，文章也写得好，有了名声。但他不愿待在家里等候地方官吏推荐他做官，一心想访师求学，丰富知识。在十七岁那年，他毅然离开家乡，来到汉朝故都长安，后来又到了当时的首都洛阳。他以虚心好学的精神，克服了许许多多的困难，求师访友，苦心攻读，终于成了京城中著名的学者。

张衡对圆周率进行了深入的研究后，提出了一个很妙的数值，即 π 值等于 10 的平方根，约为 3.1622，后来人们称之为"衡率"。"衡率"是世界上最早的圆周率记录，印度数学家在将近五年以后才发现这个值。

转眼到了三国时期。魏末晋初数学家刘徽在注释我国最早的一部数学名著《九章算术》时，创立了求圆周率准确值的原理——割圆术，就是用折线来逐步逼近曲线，用多边形来逐步逼近曲线所包围图形。圆内接正多边形的边数无限增加时，它的周长的极限是圆周长，它的面积极限是圆面积。

刘徽就这样从圆内接正六边形算起，逐步倍增边数，进行艰苦而又繁重的计算。那时，我们的祖先用一种名叫"筹码"的小竹板代替数字，在地上摆筹码来进行计算。

一直算到正 192 边形，得到 π 值是 3.14102。他又继续求到圆内接正 3072 边形的面积，验证了前面的结果，并且得出比较精确的圆周率 3.1416。

刘徽取 3.14 为圆周率，并声明"此率尚微少"，因此后世称之为"徽率"。

刘徽用他的"割圆术"所得的结果，虽然仍不精确，但却为圆周率的研究开拓了一个正确的道路。

在圆周率上贡献最大、成就最辉煌的要算祖冲之了。

祖冲之生于南北朝时期一个士大夫的家庭，他的爷爷是一个负责营建工程的高官。祖冲之刚刚记事的时候，爷爷就给他讲了许多科学家的故事，培养祖冲之热爱学习、钻研科学的兴趣。

数学家、天文学家祖冲之

祖冲之从少年时代起，在老师的正确引导下，就勤奋地学习，对各种事物敢于大胆设想，勇于创新，并且勤于实践。他搜集和阅读了大量有关数学、天文等方面的书籍和文献资料，很快读完了《周髀算经》《九章算术》等古代数学名著，掌握了"勾股定理""开平方""开立方"的方法，而且还能求解一般的一元二次方程。同时，他还经常进行精密的测量和仔细的推算等活动。

有一回，他在从学校回家的路上，边走边思考问题，不住地点头、摇头、双手比画，一些小孩还跟在他后面看热闹，把他当成一个大傻瓜呢！

功夫不负有心人。二十岁刚出头，祖冲之已经很有名望了，不久做了官。

一个一心迷恋于科学的人，一开始就把全部身心献给了科学事业，他没有时间去研究宦海风云，去探求人生沉浮。由于祖冲之不愿迎合达官显贵，三十六岁时被革职了。

一个人的仕途能被权贵毁掉，但是一个人热爱科学、献身科学的精神，是任何人也剥夺不走的！

革职后，祖冲之决定专心研究数学，从数学研究中得到乐趣。

祖冲之认真总结了前人计算 π 值的经验和教训，决心把 π 值计算得更精确些。祖冲之想："刘徽在割圆术中认为'割得越细，损失越少'是有道理的，就像把一段方木劈成圆木，劈的次数越多，越接近圆形。"他认准了这条路子，决心沿着刘徽开创的路子走下去。

那时祖冲之的儿子祖暅已经十三四岁了，可以帮助他进行计算。

祖冲之父子两人一齐动手，在房间的地板上画了一个径为一丈的大圆，从圆的内接正六边形开始计算周长，然后到十二边形、二十四边形……边数一倍一倍地增加。边数每翻一番，至少要进行十一次运算，其中除了加、减外，还有两次乘，两次开方。

经过十几天的计算，算到 96 边形。可是，算出的结果却与刘徽的不一样。刘徽算出的 96 边形每边长 0.032719 丈，他们的是 0.032717 丈，少了"两丝"。到底谁是谁非呢？

祖暅自信地说："肯定是刘徽错了！我们每一步都计算得很详细，保准没错！"

祖冲之却摇了摇头说："刘徽是位办事严密而又精细的人，虽然我们不能盲目地相信他，但推翻他的结果要凭科学的态度！"

祖暅着急地问："那该怎么办？"

"重算一次！"

祖冲之和祖暅又重新计算，父子俩每天坚持不懈，常常一坐就是一天，聚精会神地在地上摆弄着筹码，进行繁重、单调乏味而又复杂的计算。当他们再次算到 96 边形时，发现刘徽的结果是正确的。

他继续向前进击。每天总是天不亮就起床，不厌其烦地一遍又一遍地挪动筹码，直到深夜。

壮志常伴荒鸡舞，心血跟随长夜流。

他算呀算，从叶绿算到叶黄，从花谢又算到花开，一直算到 12288 边形，得到 3.14159251 丈；再算到 24576 边形，得到 3.14159261 丈。这时，筹码已经从桌上摆到了地上，摆满了一屋。

祖冲之从计算中得出一个结论：圆直径是一丈长的圆周长的过剩近似值是三丈一尺四寸一分五厘九毫二秒七忽，不足近似值是三丈一尺四寸一分五厘九毫二秒六忽。准确值应介于这二者之间。用现代数学符号表示，就是：

$$3.1415926 < \pi < 3.1415927$$

这个结论一直处于世界领先的地位，直到 18 世纪，阿拉伯人阿尔·卡西才超过了祖冲之，但这已经落后祖冲之 1000 年了。祖冲之并没有停步，他为了人们计算方便，还进一步找到了圆周率的"约率"和"密率"：约率为 22/7，密率为 355/113。

密率也一直处于世界遥遥领先的地位，过了 1000 年后，才由德国人奥托和荷兰人安托尼兹重新得到。因此，已故的日本数学家建议把密率改称为"祖率"。

祖冲之为古老的中国争得了荣誉。π，这颗数学皇冠上的小明珠，一直在古老的中国闪光！

当然，随着时代的前进，科学技术的发展，π 值越来越精确。特别是计算机诞生后，有的人在计算机上算到了小数点后 10 万亿位的 π 值。不过，这样长的 π 值，没有什么实用价值。比方说，知道了地球的直径，要算出赤道的周长，只要让 π 取到小数点后 9 位，就可使赤道周长精确到 1 厘米，这对我们来说，已经足够了。

一般情况下，π 的值取到小数点后四位，也就是 π=3.1416，就可以满足我们的要求了。

知识加油站

圆的计算公式

（1）圆的周长 $C = 2\pi R = \pi d$；（2）圆的面积 $S = \pi R^2$；（3）扇形弧长 $l = \dfrac{n\pi R}{180}$；（4）扇形面积 $S = \dfrac{n\pi R^2}{360} = \dfrac{1}{2}lR$；（5）圆锥侧面积 $S_{侧} = \pi R l_{母}$；（6）圆锥表面积 $S_{圆锥全} = \pi R^2 + \pi R l_{母}$；（7）$S_{圆柱侧} = 2\pi Rh$；（8）$S_{圆柱全} = 2\pi Rh + 2\pi R^2$。

3.9　大自然的对称和谐美

生活中我们经常谈到美，但什么是美呢？虽然每个人的审美都有差异，但是大部分人有相似的看法，那就是和谐产生美。

下面让我们到几何王国里，看看大自然展示的奇迹吧！

美丽的枫叶和十字花冠

我们摘下一片美丽的枫叶，再采撷一朵美丽的十字花冠，可以看出，它们都有一种和谐的美。在枫叶里明显存在一根轴线，如果把它沿着轴线对折，轴线两边的部分可以完全重合；十字花冠里则明显存在一个中心点，如果把它绕中心点旋转 180°，它的位置仍和原来的位置完全重合。这就是我们要研究的两种对称图形——轴对称图形和中心对称图形。

枫叶和十字花冠的形状比较复杂。为了研究这两种对称图形，我们可以在几何中找出更简单的模式，这就是等腰三角形及平行四边形。我们先看等腰三角形的轴对称。

14 世纪的法国哲学家布里丹曾经说过一个有趣的寓言：有一只不幸的驴子，处在两捆完全一样的干草束中间，驴子虽然饿得发慌，可是由于两捆草束完全一样，它竟不知该吃哪捆草，终于活活饿死了。

这则寓言的哲学意义，我们在此不予深探。有趣的是，在三角形的家族中，我们也可以找到这样的"两捆完全一样的干草束"，那就是等腰三角形的两条腰。在等腰三角形中，不但两腰相等，两个底角相等，而且腰和底角的位置也是匀称的。在这"两捆干草束"中，也有一只"驴子"，那就是它的对称轴。

下图中的等腰三角形 ABC，把它沿直线 AD 对折时，点 B 和点 C 就重合了，因而图形在 AD 两旁的部分就能完全重合。所以，点的对称实质上是图形对称的基础，而两个对称点连线的垂直平分线就是对称轴。由此不难看出，图中表示的轴对称图形其实有两种情况：一种是△ABC 的所有点的对称点都在它自身上，也就是△ABC 与自身关于 AD 成轴对称；另一种是△ABD 的所有点的对称点都在△ACD 上，也就是两个三角形△ABD 和△ACD 关于 AD 成轴对称。这里，往往按第二种情况理解更方便。例如，我们分别在 AB、AC 上取关于 AD 的对称点 M、N，在 BC 上取关于 AD 的对称点 P、Q，那么两个三角形△BMP 和△CNQ，关于 AD 也成轴对称，但如果按第一种情况就不好理解了。

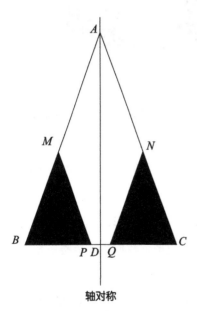

轴对称

不要以为等腰三角形的轴对称性只有理论上的价值，在实际工作中，例如建造房屋时，就常利用它来检查屋架是否水平。在房梁上放一块等腰三角形板，从顶点用线系一重物，如果系重物的线正好经过三角形板底边中点，就可以知道房梁是水平的。你知道这是为什么吗？

下面我们来看看中心对称。你一定玩过小风车吧，只要制作得匀称，在其中心插入转轴后，它就会迎风平稳地旋转起来。还有飞机的螺旋桨、水轮机的叶轮等，它们都具有类似的特性，这就是大家所熟悉的中心对称图形。

匀称，是中心对称图形的一个重要特性。然而，匀称的图形却并不都是中心对称的。请你看看电风扇那像三叶花瓣似的风叶轮吧。这种三瓣风叶轮虽然也给我们一种匀称感，旋转时的平稳性是不言而喻的，但它并不是中心对称的。

中心对称图形的定义是这样的：如果将一个图形（这里指的是平面图形）绕着一个定点旋转 180° 后与另一个图形完全重合，那么这两个图形就叫作以这个定点为对称中心的对称图形。如果绕着一个定点旋转 180° 后，能使一个图形的任意一部分与另一部分的原来位置互相重合,那么这个图形就叫作中心对称图形。简言之，中心对称图形具有把它绕一定点（中心）旋转 180° 后与图形原来位置完全重合的特性。

　　三瓣风叶轮并不具备上述特性，所以它不是中心对称图形。显然，正三角形也不是中心对称图形，进而任何三角形均不可能是中心对称图形。

　　多于三条边的多边形有哪些是中心对称图形呢？

　　由于平行四边形具有对角线互相平分的特性，当它绕着其对角线交点旋转 180° 后，就与其原来的位置完全重合，因此平行四边形是中心对称图形。

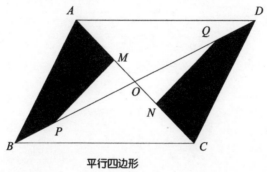

平行四边形

　　把上图中的平行四边形绕点 O 旋转 180° 时，点 A 和点 C 就重合了，同时点 B 和点 D 也重合了，因而图形的位置和原来的位置就能完全重合。所以，点的对称实质上仍是图形对称的基础，而两个对称点连线的中点就是对称中心。由此不难看出，上图所表示的中心对称图形其实仍有两种情况：一种是平行四边形 ABCD 的所有点的对称点都在它自身上，也就是平行四边形 ABCD 与自身关于 O 成中心对称；另一种是某一条对角线如 AC 所分得一个△ ACD 的所有点的对称点都在另一个△ CAB 上，也就是两个三角形△ ACD 和△ CAB 关于 O 成中心对称。这里，同样按第二种情况理解更方便。因为此时也可以说△ AOB 和△ COD（或△ AOD 和△ COB）关于 O 成中心对称，假若在 AC 上取关于 O 的对称点 M、N，在 BD 上取关于 O 的对称点 P、Q，还可以说四边形 ABPM 和四边形 CDQN 关于 O 也成中心对称。

知识加油站

轴对称的性质

（1）轴对称图形的对称轴，是任何一对对应点所连线段的垂直平分线。

（2）角平分线上的点到角两边距离相等。

（3）线段垂直平分线上的任意一点到线段两个端点的距离相等。

（4）与一条线段两个端点距离相等的点，在这条线段的垂直平分线上。

（5）轴对称图形上对应线段相等、对应角相等。

3.10　笛卡儿梦游坐标系

坐标系是同学们都很熟悉的，最简单的坐标系就是一横一竖，加上两个方向和一些单位。那么坐标系到底有多少种？不要觉得坐标系就是直角坐标系或者至多再加上一个极坐标系，其实坐标系的种类可多了，除了直角坐标系、极坐标系外，还有诸如仿射坐标系、椭圆坐标系等。不过在初中阶段，同学们常用的仅有直角坐标系、极坐标系而已。

在数学史上，直角坐标系的发明者是笛卡儿，关于笛卡儿发现直角坐标系的过程有一个美丽的传说。笛卡儿是法国伟大的哲学家和数学家，出生在法国北部都兰城的一个地方议员家庭。童年的笛卡儿体弱多病，也正是由于这点，8 岁时进入学校学习后，校长特别允许他可以自由一点，这就使笛卡儿更多地养成了独立思考的习惯。

法国数学家笛卡儿

笛卡儿 20 岁时，从普瓦捷大学毕业，随后便继承父业去巴黎当了律师。在那里，他结识了一批酷爱数学的朋友，并花了一年的时间研究数学。1617 年，他投入奥拉日王子的军队，时而在军队服役，时而在巴黎狂欢作乐。这种浪荡生活，很可能使一个有才华的青年沉沦下去，以致一事无成。有一天，他在荷兰南部布勒达的街头散步，被一张荷兰文写的招贴吸引住了。他不懂荷兰文，便请求站在旁边的一个人译成法文给他看。这个人正好是多特学院的院长毕克门，他答应了笛卡儿的这一请求。原来这一广告是当时数学家的一张挑战书，列有很多难题，广征答案。笛卡儿在几小时内解答出了这些挑战性难题，毕克门院长大为佩服。从此笛卡儿增强了学好数学的信心，开始集中精力钻研数学。

据说，笛卡儿曾在一个晚上做了三个奇特的梦。第一个梦是笛卡儿被风暴吹到一个风力吹不到的地方，第二个梦是他得到了打开自然宝库的钥匙，第三个梦是他开辟了通向真正知识的道路。这三个奇特的梦增强了他创立新学说的信心。这一天是笛卡儿思想上的一个转折点，也有些学者把这一天定为解析几何的诞生日。

1619 年，笛卡儿在多瑙河畔的诺伊军营里，终日沉迷在思考之中：几何图形是直观的，而代数方程则比较抽象，能不能用几何图形来表示方程呢？这里，关键是如何把组成几何图形的点和满足方程的每一组"数"联系起来。突然，他看见屋顶上的一只蜘蛛，拉着丝垂下来了，一会儿，蜘蛛又顺着丝爬上去，在上边左右拉丝。蜘蛛的表演，使笛卡儿的思路豁然开朗。他想，如果把蜘蛛看作一个点，它在屋子里可以上下左右运动，能不能把蜘蛛的每一个位置用一组确定的数记下来？他又想，屋子里相邻的两面墙与地面交出了三条线，如果把地面上的墙作为起点，把交出来的三条线作为三根数轴，那么空间中任意一点的位置，不是都可以用在这三根数轴上找到的有顺序的三个数来表示了吗？反过来，任意给一组三个有顺序的数，例如（3，2，1），也可以用空间中的一个点 P 来表示它们。同样，用一组数（a，b）可以表示平面上的一个点，平面上的一个点也可以用一组两个有顺序的数来表示。于是，在蜘蛛的启示下，笛卡儿创建了直角坐标系。

笛卡儿的直角坐标系，不同于一般的定理，也不同于一般的理论，它是一种思想和艺术，它使整个数学发生了崭新的变化。而直角坐标系的形象也比较直观，完全符合人们逻辑上的想法。至于极坐标系，似乎看起来比直角坐标系要难一些，不太好想象。其实不然，自然界中有很多生物对极坐标系的使用可熟练了，我们一起来看看下面的例子。

众所周知，蜜蜂是一种群居的昆虫，它们共同劳动，采集蜂蜜，支撑着整个蜂巢的消耗。而如果一只蜜蜂发现了蜜源，它怎样才能告诉其他的蜜蜂呢？科学家们经过研究发现：原来蜜蜂是靠舞蹈来表达它们的意思的，不同的舞蹈有着不同的含义。一只蜜蜂一旦发现了蜜源，它会先采集一点"样品"回蜂巢，这些样品就告诉了伙伴们它所探到的花丛蜜汁及花粉的品种和质量。如果伙伴们觉得可以去采集，那只蜜蜂就会跳起舞蹈来告诉伙伴们花丛的地点。蜜蜂跳的舞蹈有两种：一种是"圆形舞"，它表示花丛在离蜂巢 50 米左右的地方；另一种是"8 字形舞"，它不仅可以表示距离，还可以表示方向。一种舞蹈竟然能有这么多含义，不得不让人佩服蜜蜂的聪明才智。

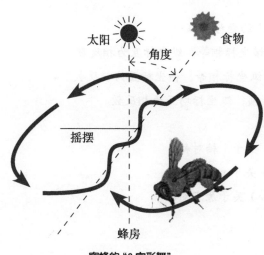

蜜蜂的"8 字形舞"

蜜蜂跳舞时，如果头朝上，从下往上跑直线，就说明要向着太阳这个方向飞才能找到花丛；如果头朝下，从上往下跑直线，就说明要背着太阳这个方向飞才能找到花丛。这样，找到花丛的蜜蜂告诉了伙伴们花丛的距离和方向，伙伴们很方便就可以找到花丛了。

看，蜜蜂将极坐标系运用得多么巧妙呀！

现在，代数与几何相互渗透，对数学的影响越来越明显。拉格朗日曾经说过："只要代数与几何分道扬镳，它们的进展就缓慢，它们的应用就狭窄。但是，当这两门科学结合成伴侣时，它们就互相吸取新鲜的活力。从那以后，就以快速的步伐走向完善。"由此可见数学史上坐标系的地位非同一般。

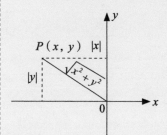

不同位置的点的坐标的特征

各象限内点的坐标有如下特征（如左图所示）。

两条坐标轴夹角平分线上的点的坐标特征：

如果点 $P(x, y)$ 在第一、三象限的夹角平分线上 $\rightleftharpoons$ x 与 y 相等。

如果点 $P(x, y)$ 在第二、四象限的夹角平分线上 $\rightleftharpoons$ x 与 y 互为相反数。

与坐标轴平行的直线上点的坐标特征：

位于平行于 x 轴的直线上的各点的纵坐标相同；位于平行于 y 轴的直线上的各点的横坐标相同。

关于 x 轴、y 轴或原点对称的点的坐标特征：

点 P 与点 P' 关于 x 轴对称 $\rightleftharpoons$ 横坐标相等，纵坐标互为相反数。

点 P 与点 P'' 关于 y 轴对称 $\rightleftharpoons$ 纵坐标相等，横坐标互为相反数。

点 P 与点 P''' 关于原点对称 $\rightleftharpoons$ 横、纵坐标均互为相反数。

或者说：

点 $P(x, y)$ 与点 $P'(x, -y)$ 关于 x 轴对称；

点 $P(x, y)$ 与点 $P''(-x, y)$ 关于 y 轴对称；

点 $P(x, y)$ 与点 $P'''(-x, -y)$ 关于原点对称。

3.11 皇帝、总统也是几何狂

不论中外，帝王都喜欢以"真命天子"自居，生杀予夺，悉操于己。但是从生理学的观点来看，他们与普通人并无二致。帝王作为统治者大多把精力放在国家治理上，然而也有的帝王会对其他技艺情有独钟。比如宋徽宗赵佶，能写一手"瘦金体"好字，是一位杰出的书法家。几何学作为人类的一项重要智力成果，古往今来，不知吸引了多少人，在几何学的"粉丝"中，就有几位"位居九五之尊"的人物。

康熙帝爱新觉罗·玄烨

康熙帝爱新觉罗·玄烨在位 61 年，他是汉、唐以来统治年代最为长久的君主。在他一生中，很重视学习西方先进的自然科学，由于当时的具体条件，他只能通过外国传教士来学习。当时，有两位法国传教士张诚和白晋被派到中国，康熙帝留他们在宫廷供职，要他们经常进宫讲解数学及其他自然科学知识。这在《张诚日记》及白晋写的《康熙帝传》中均有翔实的记载。

康熙对几何最感兴趣，他向张诚、白晋学习欧几里得几何，常常连续几小时不辍。他不仅学习几何定理，还动手演算习题，因而真正掌握了这门学科的知识。他还指示臣下，将明末徐光启和意大利传教士利玛窦译成汉文的《几何原本》前 6 卷译为满文。此外，他还学习了对数与三角，能够熟练地用对数来运算习题。对译成汉文和满文的西方数学著作，他也亲自进行了校阅。在其主持下，编成了数学巨著《数理精蕴》。

康熙不仅自己重视西方自然科学知识，同时还督促大臣们学习。他曾亲自向大臣们讲授数学。《张诚日记》写道："皇上在朝廷大臣们面前，把我们教给他的几何学，大部分作了实际应用。"

康熙不仅努力学习，还注意在实践中运用。他曾下令制造当时威力十分强大的"红衣大炮"，在后来平定吴三桂叛乱和反击沙俄侵略中都发挥了很大的作用。几何知识与测量实践关系密切，康熙帝对此也很注意。他前后六次南巡，都检查了河工、水利工作，多次亲自勘察地形，测量水文，批评尸位素餐的官僚。1707年，他南巡到苏北，对于地方官吏张鹏翮治河的敷衍塞责态度十分恼怒，斥责说："今日沿途阅看，见所立标杆错杂，问尔时全然不知，河工系尔专责，此不留心，何事方留心乎?"《清史稿》说他："上（皇上的简称）登岸步行二里许，亲置仪器，定方向，钉桩木，以纪丈量之处。"

法国皇帝拿破仑一世的几何造诣很深，在古今中外的帝王中堪称独步。他出身行伍，当过炮兵军官，对于射击和测量中用到的几何与三角知识，本来就有很多感性认识。后来进一步提高，从理论角度对几何问题进行探索。拿破仑的一番心血没有白费，在几何学的众多趣题中，有的竟冠上了他的名字!

现在我们简单介绍一下脍炙人口的"拿破仑三角形"。请你随便画一个三角形，记为△ABC。在此三角形三条边的外侧，分

法国皇帝拿破仑一世

别做三个等边三角形，它们的外接圆圆心是 O_1、O_2、O_3，连接此三点成一新的三角形，称为"外拿破仑三角形"。

然后，再在△ABC三条边的内侧，也分别做三个等边三角形，设它们的外接圆圆心是 P_1、P_2、P_3，

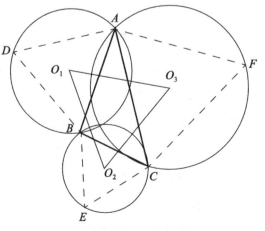

外拿破仑三角形

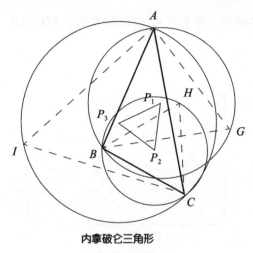

内拿破仑三角形

连接这三点又成一新的三角形,称为"内拿破仑三角形"。

内、外拿破仑三角形本应做在同一个图上。为了醒目起见,把它们分开来画。

拿破仑证明了下列有趣的事实:

（1）外拿破仑三角形是一个正三角形。

（2）内拿破仑三角形也是一个正三角形。

（3）上述两个三角形的外接圆圆心是同一点。

即使在今天,要证明上述事实也并非易事,何况当时。怪不得一些数学家（如拉普拉斯）也感到惊异,他们对拿破仑的才能心服口服,由衷地向他提出了一个要求:"我们有个请求,请您来给大家上一次几何课吧!"

拿破仑在几何学上有这样深的造诣,是和他的谦虚好学分不开的。他有一些大数学家作为朋友和臣下,例如拉格朗日和拉普拉斯,后者曾被拿破仑封为伯爵,并被任命为法国内政大臣。

勾股定理是几何学中一条重要定理,古往今来,有无数人士探索过它的证法。1940 年,在一本名叫《毕达哥拉斯命题》（第 2 版）的书中,就搜集了 367 个不同的证法。其中,最令人感兴趣的证法之一,居然是由一位美国总统做出的!

1876 年 4 月 1 日,波士顿出版的一本周刊《新英格兰教育杂志》上刊出了勾股定理的一个别开生面的证法,编者注明它是由俄亥俄州共和党议员詹姆士·A.加菲尔德所提供,是他和其他议员一起做数学游戏时想出来的,并且得到了两党议员的一致同意。后来,加菲尔德当选为美国总统。于是,他的证明也就成为人们津津乐道的一段轶事了。

他的证法确实十分干净利落。作直角三角形 ABC,设其边长分别为 x、y、z,其中 $AC=z$ 是斜边。作 $CE \perp AC$,并使 $CE=AC$,再延长 BC 至 D,使

$CD=AB=x$，连 D、E，则四边形 $ABED$ 是梯形（如下图），其面积等于 $\frac{1}{2}BD$ $(AB + DE) = \frac{1}{2}(x+y)^2$。

易证△DCE 与△ABC 是全等三角形，于是△ACE、△ABC 与△DCE 的面积之和等于 $\frac{1}{2}z^2+2 \times \frac{xy}{2}$。

由于图上三个三角形面积之和就是梯形的面积，因而得到等式：

$$\frac{1}{2}(x+y)^2 = \frac{1}{2}z^2 + 2 \times \frac{xy}{2}$$

化简后即得

$$x^2 + y^2 = z^2$$

于是，勾股定理得到证明。

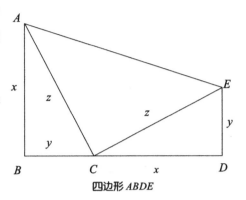

四边形 $ABDE$

知识加油站

正多边形与圆

（1）各边相等，各角也相等的多边形叫作正多边形。

（2）把圆分成 n（$n \geqslant 3$）等份，依次连接各分点所得的多边形是这个圆的内接正 n 边形，这个圆是这个正多边形的外接圆，正多边形外接圆的圆心叫作正多边形的中心，外接圆的半径叫作正多边形的半径。

说明：

①要判定一个多边形是不是正多边形，除根据定义来判定外，还可以根据这个结论来判定。

②要注意结论中的"依次"等容易被忽视的条件。

（3）正多边形都是轴对称图形，一个正 n 边形共有 n 条对称轴，每条对称轴都通过正 n 边形的中心。正 $2n$ 边形既是轴对称图形，又是中心对称图形，它的中心是对称中心。

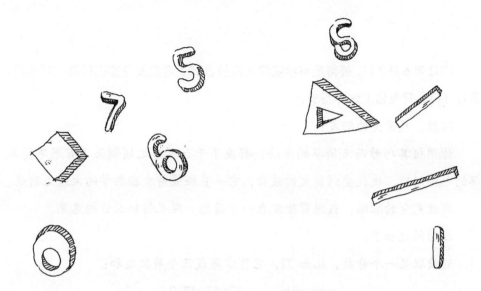

第4章

神奇巧妙的数学难题

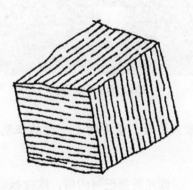

4.1　哥德巴赫的猜想

1742 年 6 月 7 日，彼得堡科学院院士欧拉收到了老朋友哥德巴赫的一封来信。他打开信，只见信上这样写着：

欧拉，我亲爱的朋友！

你用极其巧妙而又简单的方法，解决了千百人为之倾倒而又百思不得其解的七桥问题，使我受到莫大的鼓舞，它一直鞭策着我在数学的大道上前进。

经过充分的酝酿，我想冒险发表一个猜想。现来信征求你的意见。

我的问题如下：

随便取某一个奇数，比如 77，它可以写成三个质数之和：

德国数学家哥德巴赫

77=53+17+7，

再任取一个奇数 461，那么

461=449+7+5，

也是三个质数之和。461 还可以写成：

257+199+5，

仍然是三个质数之和。

这样，我发现：

任何大于 5 的奇数都是三个质数之和。

但怎样证明呢？虽然任何一次试验都可得到上述结果，但不可能把所有奇数都拿来检验，需要的是一般的证明，而不是个别的检验。你能帮忙吗？

哥德巴赫　六月 × 日

读完哥德巴赫的信，欧拉被信中天才的猜想所吸引，同时，更加敬佩这位老朋友了。

哥德巴赫是东普鲁士人，1690 年出生于"七座桥"的故乡——哥尼斯堡城，早年做过驻俄国的公使，1725 年成为彼得堡科学院院士。两年后，当欧拉来到彼得堡科学院，他们便结交成好友。他们之间保持了三十多年的书信往来。

哥德巴赫主要研究微分方程和级数理论，喜欢和别人通信讨论数学问题。

收到信后，欧拉在给哥德巴赫的回信中说：

哥德巴赫，我的老朋友，你好！

感谢你在信中对我的颂扬！

关于你的这个命题，我做了认真的推敲和研究，看来是正确的。但，我也给不出严格的证明。这里，在你的基础上，我认为：

任何一个大于 2 的偶数，都是两个质数之和。

不过，这个命题也不能给出一般性的说明，但我确信它是完全正确的。

欧拉 六月三十日

后来，欧拉把他们的信公布于世，请世界上数学家共同谋解这个数论上的难题。这个问题立即吸引了许多数学家，人们绞尽脑汁，还是解决不了。人们把这个问题比作数学皇冠上的明珠，只有最有智慧的人，才能够把它摘下来！

当时数学界把他们通信中涉及的问题，称为"哥德巴赫猜想"，并把它归纳为：

（1）任何大于 5 的奇数都可以表作三个质数之和；

（2）任何大于 2 的偶数都可以表作两个质数之和。

显然，前者是后者的推论。因此，只需证明后者就能证明前者。所以称前者为弱哥德巴赫猜想（已被证明），后者为强哥德巴赫猜想。由于现在 1 已经不归为质数，所以这两个猜想分别变为：

（1）任何不小于 7 的奇数，都可以写成三个质数之和的形式；

（2）任何不小于 4 的偶数，都可以写成两个质数之和的形式。

"哥德巴赫猜想"公布二百多年了，尽管无数数学家为解决这个猜想付出了艰辛的劳动，但迄今为止，它仍然是一个没有被证明，也没有被推翻的"猜想"。它像一个好斗的武士，正在向许许多多才华横溢的数学家挑战！

1920 年挪威数学家布朗证明了：每个大偶数，可以写成两个数之和，这两个数虽然不一定是质数，但是它们的质因子却不超过 9 个。

什么是一个数的质因子呢？就是一个数等于几个质数的乘积，这些质数就是这个数的质因子。例如，42=2×3×7，质数2、3、7就是42的质因子。从上面的式子可以看出来，42的质因子总共是3个。

几年以后，有人又进了一步，证明了每个大偶数，可以写成这样的两个数之和，这两个数的质因子都不超过7个。为了说得简单起见，人们便把上面的两个结果，分别记为"9＋9"或"7＋7"。

后来，中国的、德国的、英国的、意大利的、苏联的、匈牙利的……许多有名的数学家，又把"7＋7"推进了一步，得出了"6＋6""5＋5"，等等，1965年得出了"1＋3"。这样就证明了一个大偶数可以写成这样两个数之和：其中一个是质数，另一个的质因子不超过3个。

要是能证明出"1＋2"，最后证明出"1＋1"，那么，哥德巴赫猜想就被证明了。然而，每前进一步都是艰难的。

1973年，我国数学家陈景润发表了一篇重要的论文——"1＋2"被证明出来了。各国数学家看到他的论文后非常钦佩，纷纷来信，称赞他取得了"杰出的成就"，称他的定理为"陈氏定理"，说他移动了"群山"。真是轰动一时！

现在，离最后摘取这颗数学皇冠上的明珠只有一步了。然而，这又是多么艰难的一步啊！这颗灿烂的明珠最终会属于谁呢？我想它定将属于具有渊博的数学知识而又具有坚韧不拔毅力的人。

知识加油站

分解因式

定义：把一个多项式化成几个整式的积的形式，这种变形叫作把这个多项式因式分解，也叫分解因式。

一般方法：提公共因式法；运用公式法；十字相乘法。

步骤：(1)先看各项有没有公因式，若有，则先提取公因式；

（2）再看能否使用公式法；

（3）十字相乘法可对二次三项式试一试；

（4）因式分解的最后结果必须是几个整式的乘积，否则不是因式分解；

（5）因式分解的结果必须进行到每个因式在有理数范围内不能再分解为止。

公式：平方差公式 $a^2-b^2=(a+b)(a-b)$；完全平方公式 $a^2\pm2ab+b^2=(a\pm b)^2$

4.2 田忌赛马和博弈论

公元前3世纪，齐国的校场上正进行着一场激烈的马赛。

哒哒哒，哒哒哒……伴随着一阵紧凑的马蹄声，田忌已经把齐威王甩到后面老远了。这是今天比赛进行的第三局，前两局1∶1平局，起决定性作用的就在这一局了。想到这里，一种稳操胜券的喜悦掠过田忌的心头，不由得抽鞭策马，朝终点飞驰而去。

比赛结束了，田忌以2∶1的成绩击败齐威王，赢得了齐威王的千金赌注。捧着这黄灿灿的金条，田忌自然而然地想起了孙膑。

孙膑

孙膑原是战国中期魏国人，从小苦读兵书，掌握了丰富的军事知识。当时魏国的大将庞涓是孙膑的同学，他知道自己的才能不及孙膑，因而非常妒忌他，恐怕他日后争夺自己的地位，于是便暗地派人把孙膑骗来。等到孙膑到来，庞涓假借罪名，把孙膑监禁起来，挖掉孙膑的膝盖骨，在他的脸上刺上字，使孙膑不能行动，不能见人。

后来，齐国的使者来到魏国，孙膑以罪犯的身份暗地去见齐使，凭他的才学向齐使诉说自己的遭遇。齐使很受感动，就偷偷地把他带回了齐国。

齐国的大将田忌很尊重孙膑，把他当成上等宾客款待。

田忌常常与齐国的王族们下很大的赌注进行赛马。他们赛马时，把各自的马分为上中下三等，上等马对上等马，中等马对中等马，下等马对下等马。王族的马自然要比大将的马强壮些，因此，每次比赛田忌总是望尘莫及。但是，为了讨好王族，他又不能不参加比赛。田忌把自己的苦衷告诉了孙膑。

有一次，田忌又输了，他觉得很扫兴，垂头丧气地准备离开赛马场。这时孙膑来到赛马场上，对双方的马做了仔细的观察和分析，发现田忌的上等马与王族的上等马，田忌的中等马与王族的中等马以及他的下等马与王族的下等马的足力都差不了多少。孙膑招呼田忌过来，拍着他的肩膀，说："从刚才的情形看，齐威王的马比你的快不了多少呀……"

孙膑还没有说完，田忌看了他一眼，说："想不到你也来挖苦我！"

孙膑说："我不是挖苦你，你再同他赛一次，我有办法让你取胜。"

田忌疑惑地看着孙膑："你是说另换几匹马？"

孙膑摇摇头，说："一匹也不用换。"

田忌没信心地说："那还不是照样输！"

孙膑胸有成竹地说："你就照我的主意办吧。明天你尽管多下些赌注吧，我包你赢！"

"好吧，一切听你安排！"田忌说完，就去向齐威王下战书。齐威王听到田忌愿用千金赌注与自己赛马，高兴极了。显然，齐威王觉得自己必胜无疑。

比赛开始的时候，孙膑悄悄地吩咐田忌："现在用你的下等马去跟齐威王的上等马比赛。"

第一局比赛结束了，齐威王首战告捷，精神百倍，摆出常胜将军的架势。

第二局又开始了，孙膑告诉田忌："现在用你的上等马去跟齐威王的中等马比赛。"

一声鼓响，田忌与齐威王一起策马飞奔，开始他们并驾齐驱，不分胜负。慢慢地齐威王的马落后了。田忌在第二局取得胜利。

齐威王虽然受到了从未有的一次挫折，但他仍不灰心。因为，决定胜负的还在第三局呢！

第三局也开始了，田忌用中等马与齐威王的下等马比赛了……

想到这里，田忌更增添了对孙膑的敬意。

这个故事，反映出一种重要的数学思想方法——运筹学。运筹学是最近几十年发展起来的一门新的数学分科。"运筹"是"运用"和"筹划"的意思，它主要是研究经济活动和军事活动中能够用数量来表达的有关运用、筹划与管理等问题。"博弈论"是运筹学的一个分支。博弈就是下棋，凡是涉及如何采取策略才能获胜的问题，都是"博弈论"研究的对象。例如，在某种情况下，有很多方面参加某种竞赛，每个方面都希望获胜，但是每个方面获胜都不仅与自己的策略，而且与对方的策略有关。"博弈论"就是运用数学方法，特别是概率论，来充分估计自己和对方的情况而决定最优策略。

中国古代虽然没有形成专门的运筹学，没有产生博弈论的完整理论，但许多有才智的人，其思维方法却与现代运筹学理论不谋而合。这种善于思维、明乎运筹的事迹在中国古代著作中不乏其例。田忌赛马获胜正反映了这种方法应用的重要性。在两千多年前的春秋战国时期，"博弈论"思想便在我国萌发，这在世界数学史上是一件重要的事情。

知识加油站

同底数幂的除法法则

同底数幂相除，底数不变，指数相减，即 $a^m \div a^n = a^{m-n}$（$a \neq 0$，m、n 都是正数，且 $m > n$）。

在应用时需要注意以下几点：

（1）法则使用的前提条件是"同底数幂相除"而且 0 不能作除数，所以法则中 $a \neq 0$。

（2）任何不等于 0 的数的 0 次幂等于 1，即 $a^0 = 1$（$a \neq 0$）。

（3）任何不等于 0 的数的 $-p$ 次幂（p 是正整数），等于这个数的 p 次幂的倒数，即 $a^{-p} = \dfrac{1}{a^p}$（$a \neq 0$，p 是正整数）。

4.3　巧算鸡兔

　　很早很早以前，有一个既聪明又勤劳的男孩子，他养了不少兔子和小鸡。他给这些小家伙垒起了窝，修起了篱笆，每天拿些白菜叶、萝卜叶、谷子喂它们。小兔子和小鸡一天一天长大了。

　　有一天，他的表弟来玩，看到篱笆里有兔子，还有鸡。那毛茸茸的小白兔，伸着两只大耳朵，瞪着两个大眼睛，在地上蹦呀、跳呀，像一团团飞起的雪球。小鸡一个劲地啄米，你一口我一口吃得真带劲。

　　表弟说："哎呀，真好玩！你还是一个饲养能手哩。你总共养了多少鸡和兔子啊？"

　　"兔子和鸡总共是 35 只。"男孩子回答说。

　　"有多少只兔子，多少只鸡？"表弟又问。

　　男孩子顽皮地笑着说："总共是 94 条腿。"

　　表弟愣了一下：我问他鸡和兔子各有多少只，他怎么说总共是 94 条腿呢？表弟又一想，噢，明白了，他是要让我自己算出鸡和兔子的数目。

　　表弟说："让我想一想。"

　　过了一会儿，表弟笑着说："我算出来了，有 23 只鸡，12 只兔子，对不对？"

　　"对！你的算术学得还挺好呢。你是怎么算出来的？"男孩子问。

　　表弟一边在地上算，一边说了起来："1 只鸡 2 条腿，1 只兔子 4 条腿。要是这 35 只全是兔子的话，就应该是 35×4=140（条腿），比 94 条腿多了 46 条腿。这多出来的 46 条腿，是因为把鸡也按 4 条腿来算了。这样，1 只鸡多算了 2 条腿，多少只鸡才能多出 46 条腿呢？46÷2=23（只）。这样，23

只鸡才能多出 46 条腿。也就是说，应该有 23 只鸡。兔子的数目当然就是 35-23=12（只），所以兔子是 12 只。"

男孩不住地点头说："你想得挺得法，算得也对。不过，还有一个算法。"

"什么算法？"表弟问。

男孩子说："把腿数 94 除以 2，得 47。这样，就把鸡变成独腿鸡，兔子变成双腿兔了。再从 47 减去总只数 35，就把独腿鸡的腿和兔子的一条腿都减去了。剩下的只有独腿兔了，这时的腿数就是兔子的只数。47-35=12（只），所以，兔子是 12 只。35-12=23（只），鸡便是 23 只。"

表弟高兴地拍着手说："你想得真巧啊！虽然两个算法都对，不过，还是你的方法简单。"

男孩子说："也简单不了多少。不过有时候，多动动脑子，就会想出一些新的解法来。"

上面故事中的这类问题，就是中国古代著名的鸡兔同笼问题。在我国唐代流行的一部算书《孙子算经》中，就有这样有趣的题目："今有鸡兔同笼，上有三十五头，下有九十四只足，问鸡兔各多少？"

原书的解法比较艰深，大体上是应用了二元一次方程式。但后来元代的《丁巨算法》一书中，却提出了一种通俗的算术解法。这种解法的要点是应用假设法求解。假定全笼子里的动物都是兔，那么总足数就该是 35×4=140，比题目中总足数多 140-94=46。用一只鸡去换一只兔，总足数就少 2，46 除以 2，便得出了鸡数是 23，兔的头数自然是 12 了。

归纳出的公式为

（总头数 ×4- 总足数）÷（4-2）= 鸡数

（总足数 - 总头数 ×2）÷（4-2）= 兔数

中国的这种鸡兔同笼问题，后来传到了日本。日本江户时代出版的《算法童子问》一书中，就载有许多类似这样的题目。

"院子里有狗，厨房菜墩上有章鱼。狗和章鱼的总头数是 14，总足数是 96，问狗和章鱼各是多少？"

当然章鱼是 8 只足，狗是 4 只足。运用公式就可算出。

$$（14×8-96）÷（8-4）=4（只）狗$$

$$14-4=10（尾）章鱼$$

这种算题和算法，在中国古代的民间广为流传，甚至被誉为了不起的妙算，以至清代小说家李汝珍竟把它写到自己的小说《镜花缘》中。

书中写了一个才女米兰芬计算灯球的故事。有一次米兰芬到一个富人家中，主人让她计算一下楼下大厅里五彩缤纷、高低错落、宛若群星的大小灯球。主人告诉她楼下的灯分两种：一种是灯下 1 个大球，下缀 2 个小球；另一种是灯下 1 个大球，下缀 4 个小球。请她算一算两种灯各有多少盏。米兰芬想了想，让主人查查楼下的大小灯球共是多少。主人告诉她："楼下大灯球共 360 个，小灯球 1200 个。"于是米兰芬立即想到，大灯球当是头，小灯球当是足。1 个大灯球下缀 2 个小灯球当是鸡，1 个大灯球下缀 4 个小灯球当是兔。于是算到

$$（360×4-1200）÷（4-2）=240÷2=120（盏）（一大二小灯的盏数）$$

$$360-120=240（盏）（一大四小灯的盏数）$$

主人听了米兰芬的答数，连称："才女！才女！名不虚传！"

也许有人要说，这种鸡兔同笼的算题，纯属一种数学游戏，没有什么实际意义。其实不是的，它在现实中也是有意义的。例如，一个人到商店去买东西，他带去了两叠人民币，一叠是 50 元的，一叠是 20 元的。他回来时只知道花了 340 元，付出纸币 11 张，究竟付出几张 50 元的人民币、几张 20 元的人民币已经记不清了，怎样算出来呢？

学会了鸡兔同笼的算法，便可以毫不费力地算出。假定付出的全是 20 元的人民币，则

$$（340-20×11）÷（50-20）=120÷30=4（张）（50 元人民币的张数）$$

$$11-4=7（张）（20 元人民币的张数）$$

同学们，你们也可以根据现实生活中的实际情形，找出这样一些题目，算算看。

知识加油站

整式的乘法

（1）单项式乘法法则：单项式相乘，把它们的系数、相同字母分别相乘，对于只在一个单项式里含有的字母，连同它的指数作为积的一个因式。

（2）单项式与多项式相乘：单项式乘以多项式，是通过乘法对加法的分配律，把它转化为单项式乘以单项式，即单项式与多项式相乘，就是用单项式去乘多项式的每一项，再把所得的积相加。$m(a+b+c)=ma+mb+mc$。

（3）多项式与多项式相乘：多项式与多项式相乘，先用一个多项式中的每一项乘以另一个多项式的每一项，再把所得的积相加。$(a+b)(m+n)=am+an+bm+bn$。

4.4　韩信点兵　神机妙算

汉高祖刘邦打天下的时候，有一员大将叫韩信，他是个有学问的人。开始，他在刘邦部下做一名小官，后来因为才能出众，被刘邦一下子提拔为大将军，统率全军。刘邦手下许多老将都感到意外，有的人还不大服气。

一天，韩信骑上马，带上卫兵，到一位李将军的驻地去视察。他到达的时候，将士们正在演兵场上操练呢。只见操场上旌旗飘舞，喊声震天。有的在练长枪，有的在练射箭，有的在练刺杀，还有的在舞剑……韩信在李将军的陪同下，绕场观看一遍，然后登上练兵场的指挥台。

李将军向韩信问道："大将军是否还要看一看编队演习？"

韩信说："好，请编一些简单的队形看看吧。"

"编什么样的队形？"李将军问道。

韩信指着整个演兵场说："全体将士编成一个 3 路纵队，所有的人统统编到队里去。"

李将军挥舞令旗，发布了编队的命令。

喧闹的演兵场上，喊杀声立即停止。全体人员跑步集合，很快编成了一个整齐森严的 3 路纵队。战士们手握武器，挺胸直立，一排排银白色的刀枪，在阳光下闪闪发亮。

韩信问："最后一排，剩下几人？"

队伍后头的军官马上报告："排尾剩下 2 人。"

韩信又对李将军说："请再编一个 5 路纵队。"

李将军又下达了命令，队伍迅速地编成一个 5 路纵队。

"排尾余下几人？"韩信又问。

"余 3 人。"军官报告说。

韩信又令全体将士编成一个 7 路纵队，并且得知排尾余下 2 人。

韩信点了一下头，说："好，队形编排到此为止吧。"

韩信满意地对李将军说："队形变化又迅速，又整齐。李将军不愧是老将，练兵有方啊。"

李将军心里很高兴，请韩信到军营去休息。

在营房里，他们交谈了练兵中的一些事情。最后，韩信问道："今天有多少将士在操练？"

李将军回答道："除去放哨、值班和有病的外，应该有 2395 名。"

韩信沉思了一会儿，说："不对，操场上实际只有 2333 人。"

李将军吃了一惊，心里想：他在操场上只是走马观花地看了一下，并没有清点人数，怎么能说出这么准确的数字呢？

李将军便如实地说："我是根据各队长汇报的人数，得出 2395 人来的，并没有仔细清点。不知大将军怎么知道只有 2333 人？"

韩信微微笑了一下，说："我替您清点了一遍。"

李将军更吃惊了，半信半疑地说："大将军其实并没有点兵啊。2000 多人，清点一次也得费不少时间啊。"

韩信说："刚才不是编过 3 路纵队、5 路纵队、7 路纵队了吗？我知道了排尾剩下的人数，根据这个，就能算出总人数来。"

李将军感到很奇怪，忙问道："请问大将军是怎么算的？"

韩信回答道："第一次，全体人员编成 3 路纵队，最后一排余下 2 人。这就是说，总人数被 3 去除，余数是 2。第二次，5 路纵队，排尾余 3 人。可以知道，总人数被 5 去除，余数是 3。第三次，7 路纵队，排尾余 2 人，可以知道总人数被 7 除，余数是 2。因此，总人数一定是这样一个数——它被 3 除余 2，被 5 除余 3，被 7 除余 2。"

"被 3 除余数是 2，同时被 5 除余数是 3，被 7 除余数是 2 的数有很多的啊！"李将军还是有些不大明白。

韩信说："满足这个要求的数确实是很多，但是其中有一个最小的，这个数是 23。"

李将军心里默默一算，果然是这样。

$$23 \div 3=7\cdots\cdots 2$$
$$23 \div 5=4\cdots\cdots 3$$
$$23 \div 7=3\cdots\cdots 2$$

韩信又接着说："因为 $3 \times 5 \times 7=105$，也就是说，105 是 3、5、7 三个数的最小公倍数，所以，105 任意的倍数也一定能被 3、5、7 三个数除尽。把 105 任意的倍数加上 23 得到的和，一定能够被 3 除余 2，同时被 5 除余 3，被 7 除余 2。比方说，105 的 22 倍加上 23，$105 \times 22+23=2310+23=2333$。这个 2333，一定满足上面的要求。

李将军在心里默算了一下，正是这样。

$$2333 \div 3=777\cdots\cdots 2$$
$$2333 \div 5=466\cdots\cdots 3$$
$$2333 \div 7=333\cdots\cdots 2$$

韩信说："您报的那个数 2 395，被 3 去除，商是 798，余数是 1，显然不满足上面的要求，所以肯定不是真实的人数。105 的 23 倍加上 23 是 $105 \times 23+23=2438$。这个数比你报的人数多，也不可能是真实人数。所以，实际人数应该是 2333 人。"

李将军一听，也明白过来了，连连佩服韩信算法的巧妙。

韩信又说："这次练兵尽管成绩不小，但有 62 人没到，说明纪律还需要加强。请李将军借着这个机会，把军纪严加整顿。"

谈完之后，韩信带上随从人员走了。李将军重新严格地清点了一下人数，果然有 62 人没有参加训练。李将军处分了那些无故不到的士兵和他们的队长。从此以后，再没有人敢虚报数目了。

虽然是一件小事，却可以看出韩信出众的才能和严格认真的作风。大家不由得对这位年轻的统帅，逐渐地尊敬和信赖起来。

知识加油站

女"兵"到底有多少

吴王后宫有美女百人之多，一日吴王命孙武操练这些嫔妃。起初，嫔妃们嘻嘻哈哈、漫不经心、乱槽槽地演练着，口令也不听。孙武见状又申明军法，岂知嫔妃们依然故我。孙武当即斩了两名充当队长的吴王宠姬，于是"妇人左右、前后、跪起皆中规矩绳墨"。孙武使人报告吴王，说："兵既整齐……虽赴水火犹可也。"吴王问道："眼下还剩下多少女子？"孙武答："三三数之剩二，五五数之剩三，七七数之剩二。"那么这些女"兵"到底有多少？

我们考虑下面三列数。

除3余2者：2，5，8，11，14，17，20，23，…

除5余3者：3，8，13，18，23，28，33，38，…

除7余2者：2，9，16，23，30，37，44，…

同在三列中的最小数是23。

又由 $3 \times 5 \times 7 = 105$，知 $23+105$，$23+2 \times 105$，$23+3 \times 105$，…皆满足上面性质，但前已知后宫嫔妃百余人，那么 $105+23=128$ 为所求。

4.5　买卖绵羊吃大亏

在俄国诺夫契尔加斯克的农村里，有一个叫伊凡诺夫的财主。这一天，他到城里去赶集，想买一些羊。在闹闹嚷嚷的集市上，他东瞅瞅，西看看。忽然，他看到有个人赶着一群雪白的绵羊来卖。伊凡诺夫急忙挤到这些又肥又壮的绵羊旁边，越看越眼馋。他又一想，这么好的羊，最便宜也得五卢布一只。他摸了摸口袋里的钱，又有点舍不得。正在他犹豫的时候，卖羊人似乎看透了这个财主的心，便主动问他："怎么样，买羊吗？"

"多少钱一只？"伊凡诺夫低声下气地问道。

"第一只羊 1 个戈比。"卖羊人的声音虽然不高却清清楚楚。

"什么，你说什么？一只羊只要 1 个戈比？"伊凡诺夫像是不相信自己的耳朵，连连追问，因为 100 戈比才是 1 卢布呢。

卖羊人依然慢腾腾地，但却很清晰地说："我是说，第一只羊 1 个戈比。"

伊凡诺夫马上又问："那么，其余的羊怎么个卖法呢？"

"我一共有 20 只羊，谁要买，必须全部买去。价钱是这样：第一只羊 1 戈比，第二只羊 2 戈比，第三只羊 4 戈比，第四只羊 8 戈比……也就是说，后一只羊的价钱，比前一只羊多一倍。"

伊凡诺夫兴奋极了，到哪里去买这样的便宜货呢？不等卖羊人说完，他就一口答应要把 20 只羊全部买下来。

卖羊人又说："不过，今天你只能带走第一只羊，给我 1 戈比；明天你来牵第二只羊，给我 2 戈比；后天你来牵第三只，给我 4 戈比……到第 20 天，你才能把 20 只羊全带走。"

伊凡诺夫觉得有点麻烦，但这有什么关系呢？他一口答应了。

卖羊人又说："我们可不能后悔啊。"他又把付 20 只羊钱的办法讲了一遍。

伊凡诺夫反而怕卖羊人后悔，说："我们立下契约吧。"

卖羊人也同意了。他们走到一家店铺，买了两张纸，写下了合同，二人都签上了字，每人拿了一张。这时，伊凡诺夫心里踏实了，他拿了 1 戈比给卖羊人，牵走了一只大绵羊。

伊凡诺夫牵着羊回到家里，一进门便高兴地对妻子说："一个人不知道什么时候就会遇到好运气。这下我可要发财了。"接着，他把买 20 只羊的事讲了一遍。他妻子一听，高兴极了，这简直像从天上掉下 20 只羊来一样。她连忙做饭给他吃，叫他早吃早睡，明天一早好赶进城里去牵第二只羊。

第二天，天刚蒙蒙亮，伊凡诺夫就起来，吃了点东西，急忙往城里赶。他走到市场，卖羊人已经在那里等着了。伊凡诺夫拿出 2 戈比交给卖羊人，牵走了第二只羊，得意洋洋地回家去了。

第三天，当伊凡诺夫交给卖羊人 4 戈比，又牵走一只羊时，卖羊人说："别忘了，明天带 8 戈比来。"

伊凡诺夫很不以为然地说："请放心，少不了你的钱。"

就这样，买第五只羊，付出了 16 戈比；买第六只羊，付出了 32 戈比；买第七只羊，付出了 64 戈比……

但是，财主伊凡诺夫没有高兴很久。到第十二天，他付出了 20 卢布 48 戈比，才牵回第十二只羊。这时，他发觉，这个卖羊人并不是一个傻瓜。到了晚上，他和妻子在灯光下，把这笔账仔仔细细地算了一下。

第十三只羊，他得付出 40 卢布 96 戈比；第十四只羊，他得付出 81 卢布 92 戈比；第十五只羊，他得付出 163 卢布 84 戈比……第二十只羊，他得付出 5242 卢布 88 戈比。20 只羊总共得付出 10485 卢布 75 戈比！

伊凡诺夫一看这数字，简直吓呆了。他的妻子捂着脸呜呜地哭了起来，埋怨伊凡诺夫不该贪小便宜，结果吃了大亏。拿出一万多卢布，他们就要倾家荡产啊！他们的全部财产还没有这么多呢。

财主伊凡诺夫一夜没睡着觉。已经立下契约了，怎么办呢？到法院去告这个卖羊的！告他是个大骗子！

第二天，伊凡诺夫不再到市场上去了，而是到了法院，他对法官说："有个卖羊的骗我的钱，要我付出 10485 卢布 75 戈比买 20 只羊。要是按正常的价钱，这些钱可以买两千多只羊啊！求法官老爷给我做主，狠狠惩罚这个卖羊的！"

法官问："他怎么骗你的？"

伊凡诺夫把整个经过一五一十地说了。法官派人把那个卖羊人抓来，问他为什么骗人。

卖羊人说："我是明明白白给伊凡诺夫先生讲清楚了的，他都一口答应了，怎么能说我骗他呢？他还主动给我立下了买卖契约。"

法官听了两个人的申诉，说："伊凡诺夫为了贪便宜，上了卖羊人的当，这是很危险的；卖羊人虽然把条件事先讲清楚了，可是利用伊凡诺夫的贪心，妄图骗取钱财，也是不道德的。"然后法官又说："本法庭判决契约无效。卖羊人按公平价格，每只5卢布，把20只羊卖给伊凡诺夫。伊凡诺夫除付给卖羊人100卢布外，再拿出50卢布献给孤儿院，以惩罚他的贪心。"

小财主伊凡诺夫想贪便宜，差点上了大当；卖羊人企图骗取钱财，最后也未能如愿。这个故事不仅谴责了这两种人，更引人深思的是造成这个案件的直接原因——那个有趣的数学问题。

数学中的等比级数问题是很有趣的，连续地翻番，就会产生极大的数字，超过一般人的想象。曾有这么个题，叫同学们动脑筋：一张报纸如果连叠25次，估计能有多厚？100张报纸，厚度不过8毫米，一张报纸连叠25次，充其量不过几米厚吧？实际上它大约有2684米厚，比泰山还要高哩！这当然无法叠。如果我们假设接着再叠十次呢？那就更不得了啦，大约有274万多米高。如果把它平放下来，超过济南到乌鲁木齐的里程。真是不算不知道，一算吓一跳。那个卖羊人，就是通过这迷惑人的等比级数问题，来欺骗伊凡诺夫的。

知识加油站

二次根式

1. 二次根式：一般地，形如 $\sqrt{a}$（$a \geq 0$）的代数式叫作二次根式。当 $a > 0$ 时，$\sqrt{a}$ 表示 a 的算术平方根，其中 $\sqrt{0} = 0$。

2. 理解并掌握下列结论：

（1）$\sqrt{a}$（$a \geq 0$）是非负数（双重非负性）；（2）$(\sqrt{a})^2 = a$（$a \geq 0$）；

（3）$\sqrt{a^2} = |a| = \begin{cases} a & (a > 0) \\ 0 & (a = 0) \\ -a & (a < 0) \end{cases}$

4.6 巧妙证明七座桥难题

故事发生在 18 世纪的东普鲁士。

普雷格尔河在北欧平原上静静地流淌着,它像一条银白色的飘带,穿过首府哥尼斯堡市区,把这座波罗的海沿岸的古老城市打扮得更加妖娆、美丽。

普雷格尔河进入市区后分成两支,把奈发夫岛截成两段并环抱起来,形成了一个"8"字。

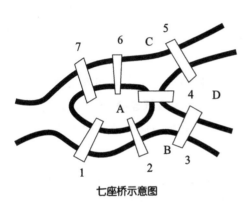

七座桥示意图

后来,在河两岸及河中两个小岛上建立了一座风景美丽的公园。公园中有七座桥把两岸和两个小岛连接起来。

公园以它的天然美,吸引了许许多多的游人。特别是这七座桥,聚集了更多的游人。他们兴趣盎然,乐而忘返。

原来,这些人都沉浸于一个有趣的数学游戏。一个人怎样才能一次走遍七座桥,而且每座桥只经过一次,最后又回到出发点?

人人都想试一试自己的能力。

无论是英姿飒爽的少年,还是白发苍苍的老者,他们都不厌其烦地在七座桥上穿过来,又穿过去,从旭日东升穿到日薄西山,从春暖花开穿到雪花飘飘……

时间像普雷格尔河水一样,无情地流逝着。有的人从少年时代起,就迷在七座桥上,直到他老态龙钟仍然念念不忘七座桥,然而,答案始终找不到。

一传十,十传百,七座桥问题很快传遍欧洲,成了欧洲闻名的难题。

七座桥问题传到彼得堡科学院,院士欧拉也决心在这个问题上试一试。

欧拉详细了解了七座桥问题的历史后,就做出与众不同的判断。他想:千百万人的无数次失败,是不是说明这样的走法根本就不存在呢?猜想是需要证明的。于是,欧拉开始尝试对这个猜想进行证明。

欧拉开始证明自己的猜想时，先想到"穷举法"。他细心地把所有可能的走法列成表格，逐一检查哪些（如果有的话）是满足要求的。然而，他发现这种解法太繁琐了，要对 $7\times6\times5\times4\times3\times2=5049$ 条路线逐个检查，太困难了。同时，欧拉认为："在另外一些问题中，如存在更多的桥时，就可能使此方法毫无实用价值。"

于是，他变换了一种思考方法。他从问题中仅涉及物体的位置而与其路程无关这一特征出发，想到了莱布尼兹的"位置几何学"。显然，这个问题与"位置几何"有联系。因此，他又想到一个巧妙的证明。

他先用点 A、D 表示两个小岛，点 B、C 表示河的左右两岸。再用连接两点的线表示桥，从而得到一个由 4 个点和 7 条线组成的图形。在这里岛的大小和形状以及桥的长度都无关紧要，桥与桥的连接形式才是本质的。这正是"位置几何"所具备的特点。利用这个图形，问题就变成能不能一笔画出这个图形，并且最后回到起点的"一笔画"问题。

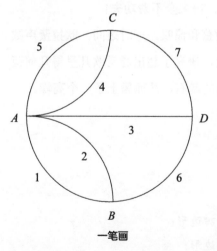

一笔画

于是，欧拉暂时放弃了对七座桥问题的研究，而进入对"一笔画"的探讨。

什么样的图形才能一笔画成，笔不离纸，而且每条线都只画一次不重复呢？

欧拉在研究大量的"一笔画"图形的过程中，发现了这样的事实：

从某一个顶点出发，画一条线到第二个顶点，再画第二条线到第三个顶点……直到画出最后一条线到某一顶点为止。对画图过程稍加分析，就会发现，实际上这是把点和线相间排成连串：顶点——线——顶点——线……线——顶点。

除了起点和终点外，每一顶点如果有一条"进来"的线就必定有一条"出去"的线。所以，除了起点和终点外，图形中每一点应与偶数条线相连（即为偶点）。如果起点和终点重合，那么这一点也应是偶点。

凡是一笔能画成的图形中奇点（即与奇数条线相连的点）个数不能多于两个。因此，欧拉得出了一个结论，如果某个图形满足这两个条件：

A. 从图中任意一点出发，通过一些线一定能到达其他任意一点，也就是说，图是连通的；

B. 图中的奇点个数等于 0 或 2。

那么，这个图形就能够一笔画成。欧拉对这个结论给出了严格的数学证明。这就是被后人命名的"欧拉路线"或"一笔画"定理。"欧拉路线"证明成功了，七座桥问题也就随之迎刃而解了。

由于在七座桥示意图中，奇点个数是四个（即 A、B、C、D 四点均为奇点），超过了定理中所规定的奇点个数（即 2 个），因而，想一笔画出它显然是不可能的。从而，欧拉果断地宣布：要想不重复地一次走遍七座桥的任何努力，都是徒劳的！因为，这种走法根本不存在！

善于思索和研究问题的欧拉，竟如此简单地解决了很多人为它绞尽脑汁而百思不得其解的难题。这真是：踏破铁鞋无觅处，得来全不费功夫！

欧拉解决了七座桥难题，引起了人们的敬慕和惊叹。一时之间，欧拉蜚声数坛。欧拉并没有因此止步，而是在这个基础上，研究了超出通常欧几里得几何范围的几何问题，奠定了"网络论"的几何学科的基石，从而攀上了一个高峰。

知识加油站

平行四边形的判定

（1）两组对边分别相等的四边形是平行四边形；

（2）对角线互相平分的四边形是平行四边形；

（3）两组对角分别相等的四边形是平行四边形；

（4）一组对边平行且相等的四边形是平行四边形。

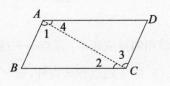

注意：平行四边形定义也是一种判定方法。

4.7　大作家留下的数学难题

　　莱蒙托夫是一百多年前俄国的一位著名诗人，他不但是一位伟大的文学家，而且还特别喜爱数学。平时，他除了写作诗歌以外，一有空就研究数学问题，有时甚至入了迷。

俄国诗人莱蒙托夫

　　1841 年，莱蒙托夫因反对沙皇尼古拉一世被捕，流放到高加索部队。那时候，他们驻扎在一个叫阿那巴的地方，因为不打仗，所以生活很轻松，莱蒙托夫和他的同事们经常下棋、散步、谈天。

　　有一天晚上，大家围坐在火炉旁聊天，莱蒙托夫说："咱们来做个数学游戏好不好？"

　　大家问："怎么个玩法？"

　　莱蒙托夫说："你们可以随便想一个数，自己把它记下来，不要告诉我，然后按照我说的办法，对这个数进行加、减、乘、除，我能马上猜出计算的结果。"

　　大家都半信半疑。有一个老兵稍微思索了一下，向周围的人们看了一眼说："我想好了，您说吧。"他把自己想好的数偷偷告诉了身旁坐着的一个人。

　　莱蒙托夫说："请您在想好的数里加进 37。"

　　老兵急忙转过身去，偷偷在纸上做了一道加法题。

　　"再加上 423。"

　　老兵又把它计算了一下。

　　"减去 250。"

　　老兵马上减去这个数。

　　"再减去你想好的那个数。"

老兵照减。

"现在，请您把得数乘以 5。"

"再除以 10。"

老兵按照莱蒙托夫的要求一步一步地都做完了。

"好了，答案算出来了。"莱蒙托夫向大家眨了眨眼睛，高兴地说，"我想，这个数应该是 105，对不对？"

老兵惊奇极了，连忙说："对，对，一点也不错。我自己想的那个数是 15，计算的结果正是 105。哎，您是怎么知道的？"

莱蒙托夫笑了笑说："这没有什么可奇怪的，只要懂得数学就行了。"

站在旁边的一位军官心里有些怀疑。他想，刚才是不是莱蒙托夫偷看了老兵的数呢？他说："咱们能不能再试验一次？"

军官自己单独一个人走到一旁，把想好的数记在一张小纸上，压在烛台底下，谁也不给看，然后按照莱蒙托夫的要求开始计算起来。这一次的结果，仍然是完全正确的。

大家都用敬佩的眼光看着莱蒙托夫。

莱蒙托夫神奇的计算，轰动了整个阿那巴。他走到哪里，哪里的人们都请他猜一下计算的结果。莱蒙托夫总是满足大家的要求，而且每一次都是丝毫不差。后来找的人太多了，他实在接应不过来，只好当着大家的面，揭穿了这个秘密：不管你想的是什么数，只要在运算过程中再减去这个数，那么，这个数对运算结果就不发生任何影响。

例如，老兵算的那个题中，假设老兵所想的数是 x，那么，他算的全部过程，列成式子便是

$$(x+37+423-250-x) \times 5 \div 10$$

$$=(37+423-250) \times 5 \div 10$$

$$=210 \times 5 \div 10$$

$$=1050 \div 10$$

$$=105$$

莱蒙托夫根本不用知道老兵想的是什么数，只要按照他自己说的数去计算，就能正确地说出答案。

无独有偶，就在莱蒙托夫兴高采烈地玩着数学游戏的时候，俄罗斯又出现了一位喜欢做数学题的大文豪，他就是世界著名的俄国作家列夫·托尔斯泰。

说起托尔斯泰，人们总爱提起他卷帙浩繁的史诗性巨著《战争与和平》，提起他的《安娜·卡列尼娜》和《复活》，提起他对俄国文学和世界文学的巨大贡献。然而，对许许多多的俄罗斯少年来说，一提起列夫·托尔斯泰的名字，他们常常首先想到的是下面这道叫作"托尔斯泰问题"的数学题。

一组割草人要把两块草地的草割完。较大的那块草地比另一块的面积大 1 倍。全体割草人上午都在大草地上割草，下午他们对半分开，一半人仍然留在大草地上，到傍晚时把草割完；另一半人到小草地上割草，到傍晚时还剩下一小块，这小块草地由一个割草人再用一天的时间割完。假如每半天劳动的时间相等，每个割草人工作效率相同，问共有多少个割草人？

题目里数量关系比较复杂，解答时稍有疏忽，便会漏掉一些条件，但也不是特别难。托尔斯泰把解数学题当作一种消遣，最喜欢解这样有趣而又不太难的题目。他花了很多精力寻找这个题目的各种解法，下面是他早年提供的一种解法。

全体割草人割了一个上午，接着一半的人又割了一个下午才将大草地割完，说明这一半的人在半天时间里能割大草地的 $\frac{1}{3}$。

在小草地上，另一半人收割了一个下午，这部分面积应该等于大草地的 $\frac{1}{3}$。因为大草地是小草地面积的 2 倍，所以小草地面积是大草地的 $\frac{1}{2}$。这样，剩下的那一小块草地就相当于大草地的 $\frac{1}{2} - \frac{1}{3} = \frac{1}{6}$。

进而可以求出第一天总共割草的面积相当于大草地的 $1 + \frac{1}{3} = \frac{8}{6}$。

因为剩下的一小块草地第二天由一个割草人割完，说明每个割草人一天能收割大草地的 $\frac{1}{6}$。

$$\frac{8}{6} \div \frac{1}{6} = 8 \,(人)$$

答案是共有 8 个割草人。

其实，如果用列方程的方法来解答，思路虽不如算术解法那样巧妙，却更容易为人所接受，用牛顿的话说，只要把题目译成代数语言就行了。

设有 x 个割草人，再用一个辅助未知数 y 表示一个人一天割草的面积。那么，一个割草人半天能割 $\frac{1}{2}y$，全体割草人上午在大草地割草面积为 $x \times \frac{1}{2}y = \frac{1}{2}xy$，一半割草人下午在大草地割草面积为 $\frac{x}{2} \times \frac{1}{2}y = \frac{1}{4}xy$，于是，大草地的总面积为 $\frac{1}{2}xy + \frac{1}{4}xy = \frac{3}{4}xy$；另一半人在小草地上割草面积为 $\frac{x}{2} \times \frac{1}{2}y = \frac{1}{4}xy$，第二天一个割草人在小草地上割草面积为 y，所以小草地的总面积为 $\frac{1}{4}xy + y = \frac{1}{4}(xy + 4y)$。

因为大草地面积是小草地面积的 2 倍，于是得出方程 $\frac{3}{4}xy = 2 \times \frac{1}{4}(xy + 4y)$，即 $y \times \frac{3}{4}x = y \times \frac{1}{2}(x + 4)$。由于 y 是一个比零大的数，在方程两边都除以 y，得 $\frac{3}{4}x = \frac{1}{2}x + 2$。解这个方程，得 $x = 8$。

辅助未知数 y 在解题过程中消失了，x 的值正好是题目的答案。

托尔斯泰非常喜欢解这个题目，经常对人提起它，并不断地研究它的解法。到了年老的时候，他又找到了一种图解法。据说，他对这种解法特别满意。

托尔斯泰用右图来表示两块草地。

图中左边的长方形表示大块草地（记作"1"），右边的长方形表示小块草地，应是大块草地的一半（记作"$\frac{1}{2}$"）。

全体组员割一个上午，一半组员割一个下午就能把大块草地割完，这就是说，一半组员要把大块草地割完需要 3 个半天，而在半天里，一半组员只能割完大块草地的 $\frac{1}{3}$。

题目告诉我们，有一半组员下午到小块草地割草，割到傍晚还剩下一小块。从图中可以清楚地看到，这剩下的一小块草地正是大块草地的 $\frac{1}{6}$（即 $\frac{1}{2} - \frac{1}{3}$）。它需要一个割草人割一天。这说明，6 个割草人割一天就可以割完大块草地。但是，题目又告诉我们，全体组员在一天内可以割完大块草地的 $\frac{4}{3}$（即 $1 + \frac{1}{3}$）。因此，全组一共有 8 个割草人。

草地示意图

画出图形巧解题

利用几何图形解题，有时可以化繁为简，化难为易，或者帮助我们进行思考。下面一题，画出图形来解将十分方便，你不妨试试，相信你也会有托尔斯泰那样的感受。

张师傅要做一批零件，第一次做了一半又 6 个，第二次做了剩下任务的一半又 6 个，最后还剩下 18 个零件没有做。张师傅一共要做多少个零件？

根据题意画图。

从图中看到，第二次做了 18+6+6=30（个），第一次做了（18+6）×2+6+6=60（个），所以张师傅一共要做 60+30+18=108（个）零件。

通过画图，将题意显示得十分明确，然后经过观察和推理，就可以比较容易地找到题目的答案。

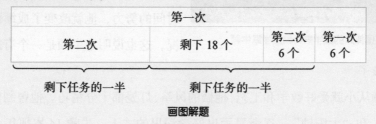
画图解题

4.8 牛顿的"牛吃草"问题

牛顿生于英格兰东海岸中部的一个小村子里，他父亲是一个忠实、俭朴的农民，在牛顿出生前便去世了。牛顿是个不足月的遗腹子，刚出生时他是那样脆弱和瘦小，谁也没想到，他竟活了 85 岁，而且是世界上出类拔萃的伟大科学家！

英国伟大的数学家和物理学家牛顿

由于生活贫困，年轻的母亲不久就与当地一位牧师结婚了，小牛顿只好寄住在外祖母家中。外祖母很疼爱小牛顿，牛顿的一个舅父极力主张送他上学读书。就这样，小牛顿开始进入学校的大门。

牛顿小时候并不聪明，性格腼腆而孤僻，学习也很吃力，然而经过了一段时间的努力，他就改变了成绩落后的状况，这也说明小牛顿是一个有志向、有毅力的孩子。

牛顿从小就爱好数学和工艺，他做的风筝、灯笼都十分精巧。他曾制作过"水钟计时"和"太阳钟"，逐渐显示出好学深思的才干。牛顿 14 岁那年，他的继父病故，母亲带着三个孩子回到故乡，他只好停学到农村务农，参加田间劳动。

然而牛顿的兴趣并不在农事上，他利用一切空闲时间继续学习。有一次他连放牧的羊群把庄稼糟蹋了都不知道。当他舅父发现他又是在学习数学时，并没有责备他，反而劝他母亲让他回到中学去学习。1661 年 6 月，牛顿由于成绩优异而考入英国历史悠久的剑桥大学三一学院。在学习期间，他好学不倦的精神博得了他的导师——巴鲁博士的赞赏。在导师的苦心教导下，牛顿的学业突飞猛进，并在 1664 年取得了学士学位，不久又获硕士学位。26 岁时，牛顿接任导师巴鲁的职务任数学教授，也是从这年开始，牛顿成为剑桥大学公认的大数学家。此后，牛顿在这座古老的学府从事了 32 年的教学和科研工作，取得了一系列辉煌成就。

牛顿很关心青少年的成长。有一天，牛顿和几个中学生在一起闲谈，有一个学生问："牛顿先生，您随便出一个简单的数学问题，测验一下我们的思考能力好吗？"

牛顿高兴地说："好。你们虽然学过不少数学知识，但是，对简单的问题也不敢说一想就对。"

他稍微想了一下，接着说道："现在，我来给你们出一道题。有三片牧场，上面的草都是一样高，而且长得也一样快。它们的面积是 4 亩、10 亩、20 亩。第一片牧场，可供 12 头牛吃 4 个星期；第二片牧场，可供 20 头牛吃 9 个星期。请你们回答我，第三片牧场，饲养多少头牛，才能在 18 个星期里把草吃完？"

"当然了，这些牛的食量都假定是一样的。"牛顿又补充了一句。

牛顿一边说，学生们一边记。他的话刚说完，一个毛毛躁躁的小伙子就发言了："牛顿先生，这道题有点毛病吧？在第一片牧场上，12 头牛 4 个星期吃完了 4 亩地的草，1 头牛 1 个星期吃的草就是

$$\frac{4}{12 \times 4} = \frac{1}{12}(\text{亩})$$

第二片牧场上，20 头牛 9 个星期吃完了 10 亩牧草，1 头牛 1 个星期吃的草就是

$$\frac{10}{20 \times 9} = \frac{1}{18}(\text{亩})$$

怎么这两片牧场上，牛的食量不一样呢？您不是说牛的食量都一样吗？"

牛顿笑了，说："你的乘法和除法做的倒是不错，但是你考虑问题不够全面，再仔细想一想吧。"

那学生闹了个大红脸，不吭声了。

过了一会儿，另一个学生说："牛顿先生，我解出来了。"

"刚才那位同学说的问题，你是怎么解决的呢？"牛顿问道。

"因为牧场的草是在不断地长，不能光从那 4 亩和 10 亩原有的草去考虑，还有新长的草呢。"那学生回答说。

牛顿高兴地笑了，说道："对啦，谈谈你的解法吧。"

那学生很沉着地说：假设 1 亩地原有草量是 1，x 表示 1 个星期内 1 亩地新

长出来的草。

那么，第一片牧场是 4 亩地，1 星期新长出来的草就是 $4x$，4 个星期新长出来的草是

$$4 \times 4x = 16x$$

4 亩地原有草和 4 个星期新长的草的总量是

$$4 + 16x$$

这么多草，12 头牛吃 4 个星期，那么，1 头牛 1 星期吃的草就是

$$\frac{4 + 16x}{12 \times 4} = \frac{1 + 4x}{12}$$

同样，第二片牧场有 10 亩地，9 个星期中，原有的和新长的草总量是

$$10 + (10 \times 9)x = 10 + 90x$$

这么多草，20 头牛吃 9 个星期，1 头牛 1 星期吃草量

$$\frac{10 + 90x}{20 \times 9} = \frac{1 + 9x}{18}$$

因为牛的食量一样，所以

$$\frac{1 + 9x}{18} = \frac{1 + 4x}{12}$$

解此方程得

$$(1 + 9x) \times 12 = (1 + 4x) \times 18$$

$$(1 + 9x) \times 2 = (1 + 4x) \times 3$$

$$2 + 18x = 3 + 12x$$

$$6x = 1$$

$$x = \frac{1}{6}$$

把 $x = \frac{1}{6}$ 代入 $\frac{1 + 4x}{12}$，那么，1 头牛 1 星期吃的草便是 $\frac{5}{36}$。

这样，便得出一个结果：假若 1 亩地草量是 1，那么，1 周之内 1 亩地还要长出 $\frac{1}{6}$ 的草来。而 1 头牛 1 周内吃草 $\frac{5}{36}$。现在，便可以回答牛顿先生的问题了。

第三片牧场是 20 亩，在 18 个星期内，原有草和新长出的草是

$$20 + 20 \times 18 \times \frac{1}{6} = 20 + 20 \times 3 = 80$$

1 头牛 1 星期吃草 $\frac{5}{36}$，多少头牛 18 星期吃草 80 呢?

$$80 \div (\frac{5}{36} \times 18) = 32$$

所以，第三片牧场可供 32 头牛吃 18 个星期。

牛顿满意地说:"做得很正确。在解题的时候，一定要全面考虑已经知道的条件，千万不可性急。如果连题意还没搞清楚，就急着去解题，即使是简单的数学题，也是很容易出错的。"

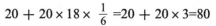
知识加油站

一元一次方程

1. 一元一次方程的概念

含有未知数的等式叫方程。只含有一个未知数（元），并且未知数的次数都是 1（次），像这样的整式方程叫一元一次方程。能使方程两边的值相等的未知数的值，叫方程的解。求方程的解的过程叫作解方程。方程 $ax+b=0$（x 为未知数，$a \neq 0$）叫作一元一次方程的标准形式。

2. 一元一次方程的解法

（1）去分母:在方程的两边都乘以各分母的最小公倍数;

（2）去括号:先去小括号，再去中括号，最后去大括号;

（3）移项:把含有未知数的项都移到方程的一边，其他项都移到方程的另一边（记住移项要变号）;

（4）合并同类项:把方程化成 $ax=b$ 的形式;

（5）系数化为 1:在方程两边都除以未知数的系数 a（当 $a \neq 0$ 时），得到方程的解 $x = \frac{b}{a}$。

4.9　巴河姆买地

一百多年以前，俄国有个著名的作家，叫列夫·托尔斯泰。他曾在文章《一个人需要很多土地吗？》中描述了这样一个悲剧故事。

故事中的主人公叫巴河姆，这个人很爱贪便宜。

有一天，巴河姆听别人说，某片草原上的土地价格很低，不用花很多钱就能买到好大一片。他想："我要亲自去看看是不是真的。"第二天，他便启程了。他想用他那一点钱，买上许多的土地。

俄国著名作家列夫·托尔斯泰

几天之后，他终于到了目的地。呵！草原真大啊，一眼望不到边！巴河姆想："我要是有这么多地该有多好！先去问问价钱吧。"他找到了卖地的牧民——一个戴狐皮帽子的老大爷。

巴河姆说："老大爷，我想买你一些地，请问价钱多少？"

老大爷说："1000卢布一天。"

"1000卢布一天，是什么意思？"巴河姆想。他以为自己听错了呢，忙问："买地不是论亩吗？怎么论天呢？"

老大爷说："我卖地从来不按亩计算，而是论天卖。一天之内，你在草原上走上一圈，所走的路线围成的土地归你所有。价钱呢，就是1000卢布。"

巴河姆又问："可是，一天不是可以走出好大的一块地来吗？"

老大爷笑了笑说："那就全是你的。不过有一条，在太阳落山之前，你一定要回到出发的地点。如果回不来，那么，这1000卢布就白白送给我了。"

巴河姆想："一天之内，我拼命地跑，跑出一大片土地，总共才付出1000卢布。这个买卖做得！"他很痛快地答应了这个条件。

第二天，天还没亮，巴河姆就起来了。他匆匆忙忙地吃完早饭，便和老

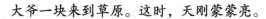

大爷一块来到草原。这时，天刚蒙蒙亮。

巴河姆问老大爷："我怎么标明走过的路呢？"

老大爷递给他一把镢头，说："我在你出发的地方等你。你随身带着这把镢头，走一段路，刨一个小坑。最后根据你做的记号，把土地连起来。"接着，老大爷把狐皮帽子往地上一放，又大声说道："你看，太阳已经露出脸来了，你可以出发了。可别忘了，太阳落山前赶不回来，钱就算白送给我了。"

巴河姆也没答话，就撒开腿照直向前跑去。当他跑出大约5俄里（1俄里=1.0668千米）的时候，太阳已经升起老高了。这时候，巴河姆改跑为走。他想："天还早呢，等我再走5俄里再向左拐弯。"接着又照直向前走去。

"好了，够10俄里了，现在可以拐弯了。"他刨好了坑，然后向左拐，继续照直赶路。为了便于计算，巴河姆想："我现在走的路线，要跟刚才走过的路线成直角。"

巴河姆一心想多走些路，竟忘了计算这一段路的里程。他抬头一看，太阳已经到头顶上了。"呀！我走得太多了，还是拐弯吧。"他赶忙做好标记，再向左拐弯。

这时，巴河姆的肚子咕咕叫起来。他拿出带在身上的黑面包一看，心想："这么干的面包怎么吃啊，我嗓子眼里都快冒出火来了。"他只好咽了两口唾沫，脚不停步地又往前走去。不过，他只走了2俄里就又拐了弯。

此时，太阳已经偏西。巴河姆看看剩下的路程，大约还得走15俄里，才能赶回出发点。

巴河姆又累又渴，浑身是汗。他把外衣甩掉了，把镢头也扔了。他多么想躺下来休息一下啊，哪怕是一分钟也好。然而，太阳已经离地平线不远了。"啊，我的地，我的地！"他嘴里念叨着，像一个喝醉了酒的醉汉，踉踉跄跄地拼命往回赶。

太阳像是变得沉重起来，直往地面上掉一样，离地平线越来越近了。巴河姆这时看到，老大爷拿着狐皮帽子，站在那里向他挥手。他不禁又大步跑了起来。他的嘴大张着，心脏就像是要跳出来一样，肺也好像要炸开了。

当巴河姆最后一步踏到老大爷身边时，老大爷高兴地说："祝贺你，这块地是你的了。"可是，巴河姆却两腿一软，一头栽倒在地上，口里流出了鲜血。老大爷上前扶他起来时，发现他已经断了气。

贪婪的巴河姆，为了占便宜，竟送了自己的一条命。

那么，根据故事中描述的情况，能够算出巴河姆这一天究竟跑出了多大面积的土地吗？

下面，我们先把他走过的路线画出来。他走的是一个四边形。

从故事中可以知道，他一开始直着走了 5 俄里，接着又走了 5 俄里，一共是10 俄里。于是，第一条边的长度便是 10 俄里。这条边用 AB 表示。

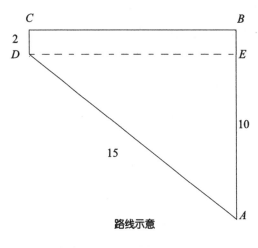

路线示意

然后，他向左拐，并且拐角是直角。这样又走了一段路（用 BC 表示）。走了多少，故事里并没有说，所以第二条边 BC 的长度不知道。

走完第二条边，他又向左拐，走上了第三条边（用 CD 表示），第三条边的长度是 2 俄里。

第四条则是 DA。它的长度是15 俄里。

由故事可以知道，BC 垂直于 AB，CD 垂直于 BC。还知道四边形 ABCD 中 AB、CD、AD 的边长，于是可以着手求它的面积了。

从 D 点向 AB 作垂线 DE，BCDE 便是一个矩形。BE=CD=2 俄里。

在直角三角形 ADE 中，AD=15 俄里，AE=AB−BE=10−2=8（俄里）。

由已经学过的勾股定理，可以得到下面的式子：

$$DE=\sqrt{AD^2-AE^2}=\sqrt{15^2-8^2}\approx 12.7（俄里）$$

我们用 S_1 表示三角形 ADE 的面积。因为直角三角形的面积等于两直角边乘积的一半，所以：

$S_1 = \frac{1}{2}AE \times DE = \frac{1}{2} \times 8 \times 12.7 = 50.8$（平方俄里）

用 S_2 表示矩形 $BCDE$ 的面积。因为矩形的面积等于两邻边的乘积，所以：

$S_2 = CD \times DE = 2 \times 12.7 = 25.4$（平方俄里）

直角三角形 ADE 和矩形 $BCDE$ 合起来是四边形 $ABCD$。所以，四边形 $ABCD$ 的面积 S 是 S_1 与 S_2 之和：

$S = S_1 + S_2 = 50.8 + 25.4 = 76.2$（平方俄里）

计算出的结果告诉我们，巴河姆这一天跑出了 76.2 平方俄里的土地。

这些地是多少平方千米呢？

因为 1 俄里等于 1.0668 千米，所以 76.2 平方俄里是：

$76.2 \times 1.0668^2 \approx 86.72$（平方千米）

我们知道，1 平方千米 =1000000 平方米，这样，86.72 × 1000000=86720000（平方米）。

我们又知道，1 亩 =666.7 平方米，所以 86720000 ÷ 666.7=130073（亩）。

这就是说，巴河姆跑出的这块地是 130073 亩。真是一块不小的土地呢！

知识加油站

一元二次方程根与系数的关系

如果一元二次方程 $ax^2 + bx + c = 0$（$a \neq 0$）的两根为 x_1、x_2，那么，就有 $x_1 + x_2 = -\frac{b}{a}$，$x_1 x_2 = \frac{c}{a}$（注意：运用根与系数的关系的前提是 $b^2 - 4ac \geq 0$）。

4.10　泰勒斯巧测金字塔

　　泰勒斯是古希腊第一个享有世界声誉的学者，他学识渊博，品质高尚，终生周游世界，被人们尊称为"贤者"。四十岁时，泰勒斯又去埃及游学。

　　美丽的尼罗河不停地流，它是古埃及文明的摇篮，哺育着两岸善良而勤劳的人民。在尼罗河两岸广阔的原野上，矗立着巨大的建筑群，它就是世界闻名的金字塔群。

金字塔

　　一天，法老阿美西斯在宫廷里吃够了美味的佳肴，喝足了香郁的甜酒，看厌了宫女们的轻歌曼舞后，带着王公贵族在大队卫士的簇拥下去观赏金字塔。他忽然心血来潮，用手指着那最高大的金字塔对王公贵族们说："这个金字塔是最高大的了吧，它有多高呢？"王公贵族们一看，国王所指的是"胡夫"金字塔。这个金字塔是第四王朝（约公元前2300年）的一位埃及国王胡夫所建造的。这个残暴的君主强迫十万名奴隶，用了三十年的时间建成了这座金字塔。人们知道它是金字塔最高大的一个，可它的确切高度却谁也不知道，对于国王的问题当然没有人能回答。国王生气了，他大声喊着："回答我，这座金字塔到底有多高？"贵族大臣们个个都低垂着头避开国王的目光，气都不敢出。国王发怒了："你们都是蠢货，为什么不回答我的话！"

　　这时，一位年老的大臣上前，忽闪着奸猾的眼光说："尊贵的陛下，我们只是为陛下治理平民，管理奴隶，料理财富。陛下刚才所提的问题，应由那些整天钻在书本里的学者们来回答。"话没说完，王公贵族们一个个都点头哈腰地乱叫："对！说得对！"老奸巨猾的大臣又接着说："尊贵的陛下，我们用金钱养着这批读书人，他们不干什么事，还口口声声叫着什么正义、公道啊，如果陛下的问题他们也不能回答,那他们对我们的王朝还有什么用呢?"阿美西斯一听,觉得有"道理"。他想,那些书呆子老是要他"爱护臣民"呀,"生活节俭"呀,"主持正义、公道"呀,实际上就是对他的统治不满,要好好地治一治才是。

回到王宫,阿美西斯把国内有名的学者找进宫来,问他们大金字塔的高度是多少,学者们都答不出。国王发怒地说:"啊!我养活着你们,你们一天到晚说三道四的,可连这个问题也答不出来,不是一群废物吗!"面对着暴君的污辱,一位学者站出来说:"尊贵的陛下,这一问题前人都没有答案,据记载,前朝曾有位学者进行过测量与计算,但没有解决。""住嘴!"国王咆哮着,"什么前人不前人的,我命令你,在三天之内把答案告诉我。否则,就让你去见前人吧!"

三天过去了,问题没有解决,国王命令把那位学者全身捆住投进了尼罗河。这个问题在当时的确是困难的,人们的知识还有限得很。又一位学者被杀害了,接着又杀害了两位。一天清晨,学者们聚集到"胡夫"金字塔下,苦苦思索、叹息,求神赐予他们智慧。这时泰勒斯也漫步到那儿,看到他们在发愁,听到他们在叹息。太阳从东方徐徐升起,在地上印出了一个个金字塔的巨大投影,泰勒斯望着这些投影,深深地思索着。

有一天,又是一阵揪心的鼓声传来,又一个学者要遭难了,人们跪着,泪流满面,祈求神灵的保佑。这时,一位中年的外乡人拄着根木棍,大步走出人群。他拦住刽子手,大声地喊道:"放下这个无辜的人。"执法官惊奇地望着他说:"谁敢违抗国王的命令?"外乡人回答说:"我能回答国王的问题,快带我去见国王。""你是谁?""我是泰勒斯!""啊,泰勒斯来了!我们有救了!"人们高兴地喊着。

由于泰勒斯的声望,国王接见了他,但对泰勒斯冒犯王威十分不满。泰勒斯对国王说:"尊贵的陛下,我是为陛下救下了一个优秀的人物。""优秀?"国王哼了一声,"怎么回答不了我的问题?"泰勒斯沉着地说:"请允许我为陛下讲一个故事。从前,有一个富人,听说有一棵果树非常好,每年都能结好多又香又甜的果子,就买了栽种在自己家里。第二年,果树开花、结果了。听仆人们说果树结果了,富人就去看。一看,他生气地说:'怎么果子这么小?'他摘了一个果子尝了一口，又硬又酸，再尝几个，都是这样。富人发火了，骂道：'什么好果树，全是骗人的鬼话。'仆人告诉他说，果子还没有熟，熟了就好吃了。富人大叫：'我现在就要吃果子，我要它现在就熟！'说着就令仆人把树砍掉了。"泰勒斯停顿了一下，深沉地说："尊敬的陛下，今天人类智慧的果实还没有成熟，好多问题是一时回答不了的。"国王听出泰勒斯在讽刺他像那个愚蠢的富人，又气又恨地对泰勒斯说："嗯，你讽刺我！什么一时不一时的，我现在就要你回答我的问题，你答不出我就要把你'这棵树'砍掉。"泰勒斯微微一笑，十分镇定地说："尊贵的陛下，托您的福，我已经把大金字塔的高度测量计算出来了，它高 147 米。"国王怔住了，但他又眯了眯眼睛问："你是怎么知道的？"泰勒斯指着手中的木棍说："我用它知道的。"法老的胡子都竖起来了，大叫："你胡说！"泰勒斯镇静地回答说："请陛下明天清晨到大金字塔旁，看我的计算。"

第二天清晨，阿美西斯和王公贵族卫士们在胡夫金字塔旁看泰勒斯"表演"。只见他把手中长 3 米的木棍竖在地上，他量了棍子的影长，又和人一起量了金字塔的影长，然后告诉国王，他就是这样测量计算出金字塔的高度的。原来，经过反复的观测与思考，泰勒斯发现了一个重要的事实：在同一时刻，金字塔的高度和木棍高度的比，就等于它们影长的比。这是算术中的正比例关系。比如下图中 AB 是金字塔的高，BC 是影长；$A'B'$ 是木棍的高，$B'C'$ 是木棍的影长。那么 $AB : A'B' = BC : B'C'$。当时泰勒斯量得木棍影长是 4 米，金字塔影长是 196 米，得 $AB : 3 = 196 : 4$，马上算得 $AB = 147$（米）。

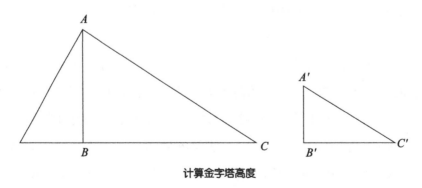

计算金字塔高度

国王看得呆住了，莫非泰勒斯的棍子是魔棍？但他仍疑惑着，和大臣们嘀咕了一阵。国王令人拿来了一根事先量好了的很长的竹竿，竖在地上，叫泰勒斯算。才一会儿，泰勒斯就把正确答案告诉了他。国王这下张大了嘴说不出话来了，他想泰勒斯一定有什么魔法。泰勒斯走到国王面前，严肃地对阿美西斯说："陛下，请赶快停止杀害吧！"

　　泰勒斯离开埃及又去远方了，人们站在海岸上，看着远去的白帆，伟大的智者泰勒斯就在那条船上。他走了，但他的声音还在人们耳边回响着："愚昧与罪恶的黑夜终将过去，智慧与正义的阳光终将普照大地！违抗真理的人终将被真理的海洋所吞没！"人们远望着，一点白帆，在海面上渐渐消失。

知识加油站

特殊角的三角函数值

特殊角度（30°，45°，60°）的三角函数值：

三角函数	30°	45°	60°
$\sin\alpha$	$\dfrac{1}{2}$	$\dfrac{\sqrt{2}}{2}$	$\dfrac{\sqrt{3}}{2}$
$\cos\alpha$	$\dfrac{\sqrt{3}}{2}$	$\dfrac{\sqrt{2}}{2}$	$\dfrac{1}{2}$
$\tan\alpha$	$\dfrac{\sqrt{3}}{3}$	1	$\sqrt{3}$

4.11　计算机"帮忙"解决四色问题

在有关地图的各种问题中，最使数学家感到困难，也最有兴趣的，要数四色问题了。

四色问题是怎么回事呢？

找一张全国地图，你看河北省印成了粉红的颜色，河南省印成了米黄的颜色……为什么要这样印颜色呢？

其实，地图上印的颜色和地面上天然的颜色并没有什么关系。地图上的颜色只不过为了醒目，看起来清楚一些。要是把一张全国地图全印成粉红色，你要找出河北省和河南省的分界线就困难了。

当然，也不必把每一个省都印成不同的颜色。相距较远的省，即使印成了相同的颜色，也不影响我们看地图。我们只要掌握一条原则：相邻的省要印上不同的颜色。那么，我们至少要准备几种颜色呢？

为了回答这个问题，我们先做一个试验。

拿一张没有颜色的中国地图来，再准备一盒颜色铅笔。我们从左上方开始吧。你看，新疆、青海、甘肃三个省，它们两两相邻。根据前面说的原则，它们的颜色都不能相同。因此，你马上就得用到三种颜色的彩笔。比如说，甘肃涂红色，青海涂黄色，新疆涂绿色。

为了节约颜色，尽可能只用这三种颜色，你现在把这三支彩笔留在桌上，把其他的笔收起来。看看只用这三支笔，能不能把全国各省都涂上适当的颜色。

先看西藏。它一边挨着新疆，所以不能涂绿色，它又挨着青海，所以不能涂黄色。只剩下一支红色笔可用了，我们只好把西藏涂成红色。

四川呢？它和青海、西藏相邻，所以不能涂成黄色或红色，只好涂成绿色。

这样下去，陕西只好涂成黄色，宁夏只好涂成绿色。

内蒙古怎么办？与它相邻的甘肃、陕西、宁夏已经涂了颜色，黄、红、绿都有，只好再从彩笔盒中拿出一支其他颜色的笔，比如蓝的来涂了。

　　你也许会问，把甘肃、陕西、宁夏各省的颜色重新安排一下，能不能就不必拿出蓝色笔来呢？这是不可能的。前面已经说过，那些已经涂过颜色的省，它们涂什么颜色并不是任意选择的，只要新疆、甘肃、青海三个省的颜色确定了，西藏、四川、陕西、宁夏的颜色就定了。

　　当然，甘肃、青海、新疆三省的颜色可以随便换。比如说，甘肃用黄的，青海用绿的，新疆用红的。那就会得到另一种颜色的地图，这时，西藏也就改成了黄的，四川改成了红的……

　　结果呢？到了要涂内蒙古的时候，你还是得用第四种颜色。

　　要不破坏前面所说的原则，用三种颜色是不可能的。现在有了四种不同颜色的铅笔可用，我们就有了很大的活动余地了。

　　你不妨再多试几张地图，甚至可以随便画一个地图，不论它有多少个地区，你总可以用四种颜色把它染好。当然，有的地图碰巧用三种颜色就可以了；有的也许比较难，要经过多次试验才能成功。但是有一条是肯定的，古今中外的一切地图，都可以用四种颜色来染色，而不破坏染色原则。

　　在古今中外的地图中没有碰到过例外，并不是永远不可能碰到例外。谁也不能保证不会发生这样的事：有一天，突然有个人画出一张地图，这个地图非用五种颜色来染色不可。所以，一切地图都可以用四种颜色来染色，而不破坏染色原则，在没有得到严密的证明之前，仍旧是一个猜想。证明这个猜想，就是有名的四色问题。

　　关于四色问题，有一个很有趣的小故事。

　　19 世纪末期，有一位很著名的数学家叫闵可夫斯基。一天，他刚走进教室，一个学生就递上一张小纸条。小纸条上写着："如果把地图上有共同边界的国家都涂成不同的颜色，那么，画一幅地图只用 4 种颜色就够了。您能解释其中的道理吗？"

　　闵可夫斯基笑了笑，对学生们说："这个问题叫作四色问题，是一个著名的数学难题。其实，它之所以一直没有得到解决，那仅仅是由于没有第一流的数学家来解决它。"说完拿起粉笔，要当堂解决这个问题。

下课的铃声响了，闵可夫斯基没能当堂解决这个问题，于是下一节课又去解答。一连好几天，他都未能解决这个问题，弄得进退两难，十分尴尬。

有一天上课时，闵可夫斯基刚跨进教室，忽然雷声大作，震耳欲聋，他赶紧抓住机会，自嘲地说："瞧，上帝在责备我狂妄自大呢。我解决不了这个问题。"

闵可夫斯基确实够"狂妄自大"了，别看谁都能弄懂四色问题的意思，可要解决它，并不比攀登珠穆朗玛峰容易多少。因为要回答这个问题，就得考察一切可能画出来的地图，而一切可能画出来的地图多得不计其数，不可能一个一个地去试验。

进入20世纪后，证明四色问题的工作逐渐取得了进展。1939年，美国数学家富兰克林证明：对于22国以下的地图，可以只用4种颜色着色。1950年，有人得出证明：对于35国以下的地图，可以只用4种颜色着色。1968年，有人得出证明：对于39国以下的地图，可以只用4种颜色着色。1975年，又有人得出证明：对于52国以下的地图，也可以只用4种颜色着色。

为什么进展这样缓慢呢？一个主要的困难，就是数学家们提出的检验方法太复杂，难以实现。早在1950年，就有人猜测说，如果要把情况分细到可以完成证明的地步，大约要分1000多种情况才行。这样的工作量太繁重了。

电子计算机问世以后，人类的计算能力得到了极大的提高，事情出现了一线转机。1970年，有人提出了一种证明四色问题的方案，可是如果用当时最快的电子计算机来算，也得不停地工作10万个小时，差不多要11年。

11年！对于电子计算机来说，这个任务也太艰巨了。

谁知不到7年，1976年9月，《美国数学会通告》就宣布了一个震撼世界数学界的消息：美国数学家阿佩尔和哈肯，采用简化了的证明方案，将地图的四色问题转化为1482个特殊图的四色问题，利用IBM360计算机工作了1200多个机器时，做了100亿个判断，终于证明了四色问题是正确的。

从此，四色问题变成了四色定理。

这是人类首次依靠电子计算机的帮助解决的著名数学难题。

知识加油站

图上距离与实际距离

（1）图上距离与实际距离的比叫作比例尺。

（2）在四条线段中，如果两条线段的比等于另两条线段的比，那么这四条线段叫作成比例线段。

（3）比例的基本性质

① $a:b=c:d \Leftrightarrow ad=bc$；

特别地 $a:b=b:c \Leftrightarrow b^2=ac$，$b$ 叫作 a 和 c 的比例中项。

② 如果 $\dfrac{a}{b}=\dfrac{c}{d}$，那么 $\dfrac{a+b}{b}=\dfrac{c+d}{d}$（合比性质）。

③ 如果 $\dfrac{a}{b}=\dfrac{c}{d}$，那么 $\dfrac{a-b}{b}=\dfrac{c-d}{d}$（分比性质）。

参考文献

[1] 数学（七年级上册）. 北京：人民教育出版社，2012.

[2] 数学（七年级下册）. 北京：人民教育出版社，2012.

[3] 数学（八年级上册）. 北京：人民教育出版社，2012.

[4] 数学（八年级下册）. 北京：人民教育出版社，2012.

[5] 数学（九年级上册）. 北京：人民教育出版社，2012.

[6] 数学（九年级下册）. 北京：人民教育出版社，2012.

[7] 熊江平. 初中数学基础知识与考点速记. 长沙：湖南少年儿童出版社，2019.

[8] 丰小华. 初中数学公式定律. 哈尔滨：黑龙江少年儿童出版社，2019.

[9]《初中数学读本》编写组. 初中数学读本. 南京：江苏凤凰科学技术出版社，2019.

[10] 汪小勤，栗小妮. 数学史与初中数学教学. 上海：华东师范大学出版社，2019.

[11] 牛胜玉. 初中数学知识大全. 西安：陕西师范大学出版总社，2018.